环保学家谈核能

（中文版）

布鲁诺·康姆　著
罗健康　译
伍志明　校

原 子 能 出 版 社

图字:01-2004-6099 号

图书在版编目(CIP)数据

环保学家谈核能/(法)康姆(Comby, B.)著. 罗健康译. —北京:原子能出版社,2005.12

ISBN 7-5022-3479-9

Ⅰ.环… Ⅱ.①康… ②罗… Ⅲ.核能—普及读物

Ⅳ.TL-49

中国版本图书馆 CIP 数据核字(2005)第 094114 号

环保学家谈核能

出版发行 原子能出版社(北京市海淀区阜成路 43 号 100037)

责任编辑 傅 真

责任校对 冯莲凤

责任印制 丁怀兰

印 刷 保定市中画美凯印刷有限公司

经 销 全国新华书店

开 本 787 mm×1092 mm 1/16

印 张 17.875

字 数 217 千字

版 次 2006 年 5 月第 1 版 2006 年 7 月第 1 次印刷

书 号 ISBN 7-5022-3479-9

印 数 1—2 000

定 价 **40.00 元**

 网址:http://www.aep.com.cn

初版："生态学家谈核能"，

图书公司出版发行，1994.

法文袖珍版："生态学家赞核能？"

F. X. 德·吉伯特出版发行

法文新版："生态学家赞核能？"

TNR 出版社出版发行，2000.

日文版：ERC 宿本出版公司出版发行，2002.

罗马尼亚文版：TNR 出版社出版发行，2002.

中文版：

原子能出版社

英文或法文各类信件请投寄下列地址：

Bruno Comby，55 rue Victor Hugo，F-78800 Houilles，

France.

今天，人们对核能仍怀恐惧，皆因人们对核能知之甚少。当火车、地铁、汽车以及第一架飞机问世时，不仅普通民众而且领袖人物亦曾怀疑过，产生惧怕心理，甚至提出反对。

科技进步服务于人类并且有利于环境。正如哲学家克劳迪·勒威·施特劳斯所言："每次新的改进都带来一线新的希望，而实现新希望则需要战胜新困难。"本书以通俗易懂的语言向读者介绍了核能民用以及医用方面的科普知识；对一些先入之见给予了批评指正，并重点介绍了核能辐射防护所必须要采取的而且也是绝对必要的保护措施。核能可以并且也必须从环境保护的角度进行开发利用。

克里斯汀·考斯　博士

巴黎医科大学医学博士研究生
公共卫生与临床医学研究专家
布鲁诺·康姆研究所总裁

本书献给

全体环境保护主义者，

他们正以各自的方式，

为保护大自然，

保护人类的健康与幸福而工作着；

献给为公共卫生事业作出贡献的

全体医生、护士、卫生专业人士以及医疗研究人员；

同样，也献给核工业战线上的所有人士，

他们研究出了更好、更清洁的核技术，

研发出了现代化的核电站，

从而使地球人的生活质量得到了改善，

同时，也在为子孙后代保护着地球。

“我坚信，人类需要核能；因而必须开发核能，但一定要绝对保证安全。”

安德烈·萨卡诺夫[1]

[1] “切尔诺贝利之真相”序言，俄文版，格瑞戈芮·梅德维德夫译，I. B. Tauris & 有限公司，伦敦-纽约（1989 年 5 月）。

“工程技术人员和环保专家应朝着萨卡诺夫所说的绝对核安全目标奋斗，尽管这在理论上和实际上难以达到，但却是勇于负责任行业的一个永恒目标”，Jacques Frot，EFN 通讯集团，2001.

作者崇尚:

—— 繁荣幸福与健康文明

—— 关注环境和子孙后代

—— 我们的星球洁净美丽,居住身心愉快

—— 人类受惠于核能应用

—— 科技知识的进步

—— 生态与技术的巧妙结合

—— 奉献给公共大众直接而全部的信息

作者反对:

—— 核战争

—— 疏忽事故

—— 能源浪费

—— 污染地球

—— 核武器扩散

—— 废物以及未经许可的垃圾买卖交易

—— 无法恢复的环境破坏

—— 误导及截留信息

中文版序言

由罗健康先生翻译、法国著名环保学家兼核科技专家布鲁诺·康姆撰写的科普专著《环保学家谈核能》很快就要和读者见面了。借此机会，作为一个献身中国环保事业同时又积极主张和平利用原子能的环境保护和核安全监管工作者，我愿意把它介绍给广大读者。

布鲁诺·康姆先生毕业于巴黎高等技术大学核物理专业，是一名享有声誉的生态科技研究生，他向公众推介关于建设一个更加美好地球的研究和主张，受到世界环保学界和广大群众的赞誉和尊重；他曾经在法国电力公司（EDF）工作多年，对核能和核电站也很熟悉。由他来阐述核能与环保的问题，不但生动，而且准确。作为一个西方学者，他的某些措辞不免有偏颇之处，我们也不敢苟同。但他的基本观点是健康的、正确的。

我之所以推荐布鲁诺·康姆的书，是因为我们面临的环保任务很重，形势不容乐观。我们一定要汲取工业发达国家有过的教训，决不能走先污染后治理或边污染边治理的道路，要走可持续发展之路。人类只有一个地球，我们赖以生存的大气、水和食物都靠地球这个惟一的环境资源，为此，我们一定要善待地球，不仅要对自己负责，而且要对子孙后代负责。

核能作为先进能源，在当今世界的能源结构中具有不可替代的作用。基于我国经济发展的需求和能源分布的特殊性，在我国发展核电十分必要。而且，核电是一种清洁能源，较之于化石能源，核电是环境友好能源。当前，我国核电建设正处于蓬勃发展时期，在建设过程中一定要树立安全环保意识，从设计开始，就把握好核电建设的各个环节，确保电站安全稳定运行。

布鲁诺·康姆撰写的这本书，从多角度论述了人与自然、核能与环境的关系，内容丰富而翔实，事例具体又生动。希望这本书的出版，能为我国核电的发展和环保事业的进步，起到积极的推进作用。

中国国家环境保护总局 原局长

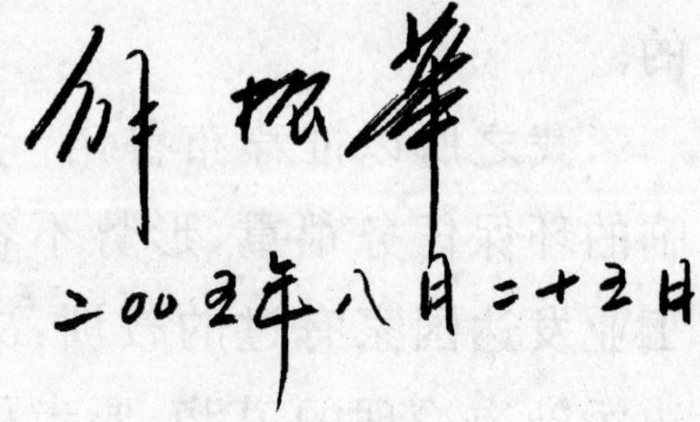

弘扬核安全文化

20世纪人类最伟大的科学成就之一就是和平利用核能。核能给全人类带来了光明、欢乐和幸福。当一座座核电站拔地而起的时候，人们会赞扬核电是安全、清洁、绿色的能源。

然而，因众所周知的一些核事件，人们对核电的认识经历了一个曲折的过程。

核能的和平利用始终与核安全紧密联系。这不仅是公众社会的企盼，也是政府当局的要求，更是从事核事业的所有工作人员的职责。

中核建中核燃料元件公司是中国压水堆核电站燃料元件制造基地，我们始终把核安全放在一切工作的首位。长期以来，企业以科技进步为动力，以管理创新为手段，实实在在地抓产品质量，逐渐形成了自己的核安全文化，为国内外压水堆核电站的安全稳定运行做出了积极的贡献。

核安全文化不仅是企业职工的行为准则，也是企业员工的理念追求。国内外许多先进企业在建设核安全文化方面已经为我们做出了榜样，我们也将通过核安全文化建设，使产品可靠性构筑在更加坚实的基础上。

基于这种认识，我认为，核安全文化应当在更广泛的领域内加以弘扬。只有全体核事业工作者牢固树立起核安全文化意识，我们的核安全才会更有保障。

中国的核电正面临着发展机遇。核能和核安全需要唤起公众社会的认识，使越来越多的普通百姓也走进核科学的殿堂。在这种背景下，《环保学家谈核能》中文版应运而生，正是适得其时。

感谢布鲁诺·康姆先生提供这本好教材。值此书的译稿完成之际，我谨对此书在中国的出版表示热烈的祝贺！

畅　欣

中核建中核燃料元件公司总经理

目　录

第一部分
原子奇谈

第二部分
核能与环境引发的问题

结　论

让我们大家一起来共同建设一个更加美好的世界

法文版序言

本书涉及一个极为重要的课题:我们的生活方式以及核能为我们的未来、我们的社会、我们的医疗乃至我们的环境等带来的诸多好处。

经历了20世纪前半叶核物理发现的兴奋之后,1945年8月6日发生在广岛的人类灾难却铸成了人们对凡是与核有关的事物都不信任。自核灾难之后,公众的生理和心灵均受到了严重的创伤,对核能始终持恐惧心理。核能成了一种“羞于启齿的能源”,一种“致人死亡的能源”,成了许多环境保护主义者们经常抨击的目标。对核能的这种抨击,在过去之所以奏效,那是因为大量的辐射剂量的确客观存在,而且核辐射在超剂量的情况下可能还有危险。然而,放射性依旧不过是一种自然现象,它对人类的发展和我们的健康有着实际的应用意义。正如布鲁诺·康姆在本书向我们所表述的一样,核能和核医学为公共健康以及环境保护带来了诸多利益。

射线照射被大量应用于人类疾病诊断与治疗这样的医学目的。每一座恶性肿瘤治疗中心,癌症病患者都是通过每天的剂量照射来实现治疗的。人们称之为“射线敏感症”的恶性肿瘤也可以通过放射疗法达到治疗的目的。这种放射治疗法还可以应用于乳腺癌、颈椎癌、直肠癌和某些小儿科癌症的治疗,而且治愈成功率非常高。为了使癌瘤萎缩变小,在对病患者实施治疗时只需对癌变区进行照射。通过这样的治疗方式,病人就可以避免接受侵入式外科手术。

某些疾病还可以通过人体外的伽马射线反射或发射,实施放射同位素吸入法而得到诊断。实施这种诊断需要注入相对小剂量的放射造影标识物[2]。这种治疗诊断适用于心脏病、甲状腺机能失调、某些其他癌症,如各类原生骨癌、卡勒氏病和继发性骨变转移癌病。通过这种方式,可以建立相应病历档案并科学地确认其疾病诊断,跟踪疾患的变化情况,进而更好地制订出治疗药方。大剂量的放射性碘也可用于治疗某些巴西多氏病例和甲状腺癌病例,从而避免对病患者实施外科手术。核医学在医学成像术、治疗学和分子生物学等领域所取得的许多进步也起着决定性的作用。核医学的应用使得每年都有成千上万人的生命在世界各地的医院得到拯救。

布鲁诺·康姆是享有声誉的生态科技研究生,获得了巴黎高等技术大学核物理高级学位,是一名经验丰富的科学家、工程师和核科技专家,也是一名令人心悦诚服的环保学家,他把自己的一生专注于促进公共健康事业的发展。在许多时候,他还用实际行动践行自己对疾病预防和环境论的承诺。他创建了紧张情绪控制法和营养改善法。他在为阻止烟草和战胜饥饿而努力奋争,通过陈述昆虫具有营养,提出了解决第三世界国家存在蛋白质不足的建议。他自己是一位不吸烟者和冲浪爱好者,也是一位天然食物尤其是原味食物的推广者;凡是认识他的每一个人都了解他对环境保护的真诚承诺。他已在全世界300多家主要电视台和无线电台的节目中,向公众推介自己关于建设一个更加美好地球的研究和主张。但是我们不应忘记,他也是一位核能领域的专家,曾作为一名研究生毕业的核工程师,并为法国

[2] 实施甲状腺检查时,通常的做法是给病人注入大约20微居里(740 000贝可[勒尔])的放射性碘-131。放射性碘-131的半衰期为8天。这样的剂量几乎比人体接受的天然辐射剂量(大约为8 000贝可[勒尔])高出100倍,但对人体健康仍然无害。检查1个月后,注入体内的碘其95%放射性已经消失。6个月后,病人机体组织内存留的放射性则小于初始剂量的百万分之一。

电力公司（国家电力公司）工作了多年。25 岁之后，他把自己全身心地投入到了科学研究、公共健康教学以及疾病预防的工作中。在论述生态学、核能与公众健康这些专注问题时，没有人比他更坦率、更具资格。

本书作者断然谴责核武器的军事应用以及引起空气和海洋污染的各类军事核试验[3]。另外，他还以通过防止使用导致大量化学污染的矿物燃料提供能源这样的观点来向我们说明核电站对环境保护的贡献（二氧化碳引起温室效应、二氧化硫导致酸雨等）。事实上，核电工业是世界上最清洁的行业之一，当然也是世界上放射性剂量受到最严格测定的行业。核电站提供充足的电能，具有相对便宜的价格，几乎没有污染。当然，即使认为核事故发生的概率非常小，我们也必须继续尽一切努力去避免。核能比矿物燃料的污染毕竟小得多。

然而，问题是不要毫无计划地做出一种全核解决方案的选择。布鲁诺·康姆告诫我们要防备“核危险面孔”的风险。特别是我们必须要尽一切努力去限制核扩散，必须保证核设施的安全，无论何种条件下的核能生产，对核安全的考虑必须优先于经济上的考虑。有些核电站之所以具有特别的核危险性，其主要的原因是这些核电站没有从确保安全的角度去设计。所有大功率沸腾管式反应堆（RBMK）[4] 这类设计的堆型（如切尔诺贝利），必须立即关闭，或者按照严密的西方安全标

[3] 大气中已经有过 400 次核爆炸，而且这类核爆炸引发了最严重的环境污染。1962 年，美国和苏联同意停止太空试验，一两年后，法国也紧随其后。我的观点认为，所有军事目的的核爆炸，无论是空中的、海洋的、还是地下的，都必须毫无例外地全部并最终予以禁止。这一禁令整个国际社会都必须响应遵守。

[4] 所有其他具有危险、不安全而且已废弃的核设施，如第一代 VVER 反应堆（VVER 230 型），均没有防事故的安全壳结构设计。

准，重新建造。

核工业或者任何其他行业对人类和环境所造成的任何长期的损害，是不能接受的。核电站的设计、运行以及有效寿期终了时的拆卸，必须要在严格的安全条件下进行，而且最后还必须要解决核废物的问题。只要条件允许，就必须精心组织进行监测和回收。某些种类的废物，要实行最后埋藏，以便今后研究出更好的方式进行处理时，能及时准确找到。同时，我们必须确保不存在有任何放射性材料泄漏的可能性。在核电建设中，设备能用就用的这种凑合、过分依赖的态度，显然不能解决所有的问题。当然我们必须要始终保持小心谨慎，不应该让技术的进步使我们失去判断力。在所有能源中，核能对于我们而言是一个应当充分利用的最特殊的机遇。我们自己拒绝核能所提供的各种技术、经济和生态便利，那将是一件令人羞愧的事儿。

科学家有责任将自己探索、发现的各种技术应用的可能性，及其这些应用所带来的利与弊公之于众。当技术进步使我们能够在比过去更加关注环境、更加约束我们自己的行为，并在更加舒适的条件下生活时，整个社会都将从中受益，我们自己、我们的孩子、我们的子孙后代才有可能在这个洁净的地球上幸福生活。布鲁诺·康姆是一位善于进取的人。他通过本书不仅向我们揭示了核能的生态范围，同时也激励我们要精明世道、聪明睿智。面对新观念、新技术，我们必须保持思想开放。他向我们说明了只有人类对核能的理智应用和完善掌握，我们才可能具有更健康的身体、人类福利才能得到提高、社会才会更进步、环境才会更清洁。虽然听起来这像是一种怪论，而且还可能引起某些学识短浅、不善前看的环保主义者的愤慨，但我还是坚决支持这个观点。我确信，这个观点亦将得到科学界全体同仁以及所有具有健康、良好意识的男女同胞们的认可。

拉卡萨晋国际肿瘤学奖获得者
居里研究所(巴黎)
教授、肿瘤外科主任
亨利·乔尤克斯

序 言

对许多科学家来说,阅读布鲁诺·康姆撰写的这本书将是一份非常适宜的原汁原味的好材料。科学家们别无其他愿望,他们只求服务于自己的同胞,并帮助他们过上一种既能保证最低舒适水平,又能最大可能保护环境的更好的生活。

科学家们知道,核能,当以一种适宜的方式将其实施应用时,那么它至少是一种对地球污染最小的能源。科学家们对本书的内容并不陌生,因为这本书反映出了一个明白无误的准确推理以及充分的科学知识。核能反对者们常常掩饰自己对物理现象和放射性知识的无知,对确实存在的危险夸大其词和扭曲宣传,他们借以发表其颓废悲观的意见,引诱尽可能多的追风者,这样,环境保护主义者们就没有理由会认为这些核能反对者在为自己辩护。为什么这样说呢? 首先,大家对他们不可能太认真;其次,是他们更热衷于比核能污染更严重的那些行业。更进一步地说,他们这样做是在帮倒忙,在经济与环境这样同等重要的问题上,降低了欧洲现在所处的世界领先地位(从而使我想到了乏燃料的后处理和快中子堆研发)[5]。

可以坦诚地说,我们很高兴有一位像布鲁诺·康姆这样的环保科学家。他思想开放,是一位推崇核能应用的独立思想家们的代言人。这里所言的独立意义在于其个人收入。作为一个个体或者一家公司,对待核能的态度,无论是积极还是消极,均不应取决于其所处的地位。就我本人情况而言,我供职于法国

---

[5] 本序言最初写于1994年。1997年,作为进入执政国会联盟的一个条件,反核绿党坚持永久性关闭超凤凰堆—— 一座安全而成功的钠冷快中子堆。

高等教育与研究部。但令人感到诧异的是，许多自认为独立的反核团体其实并没有真正独立，他们靠反对核能而生存。他们的观点严重受到财经需求的影响，从而使得他们结成为一个同类阵线，甚至赢得更多追风者，进一步获得更多财经支持和更重要的政治砝码。事实上，他们的所作所为正说明他们缺乏对核工业的客观了解。

正如布鲁诺·康姆所强调的一样，人们肯定不能说，核能将解决我们所有的问题，也不能说，核能对环境一点没有危险。

我很高兴阅读这本书。这本书与作者以前撰写的几本关于环境课题和怎样在一个更好的世界里生活得更好的书名非常贴切；而且推翻了众多先入之见的错误观点，尤其是关于核能领域的一些谬论。

对环境保护主义者们和自然保护主义者们来说，布鲁诺·康姆撰写的这本书，是一份难以估价的珍贵文献资料。我们应当向我们的子孙后代展示我们应当留传给他们的遗产。我确信，在我们子孙后代的眼里，某些反对核能的人所从事的活动，类似于我们的前人在反对电能、铁路、甚至综合缝纫机时代所进行过的较量。

现在应该是我们科学研究工作者、工程师、医生、教师、技术人员和环境保护主义者值得用自己所学专业，去向自己的同胞证明我们科学严谨诚实的时候了，接下来就该是我们的子孙们如何树立起自己的适用于新技术的价值观。

辐射专家

核科学试验室主任

巴黎大学“辐射同位素与应用”

国家专业技术工程学院院长

杰克·福斯 教授

引 言
环保学家谈核能

“大多数人看事物是看其表象并自问为什么是这样。我看事物是看其发展并也自问，为什么不能这样？”

约翰·菲芝杰拉尔德·肯尼迪

核能是什么？为什么有人赞成，有人反对。自从核能被驾驭以来就一直备受争议，这无疑是因为其巨大的潜在能量。本书试图在反对声和赞成声之间做一个和解调停，并说明核能不仅是一种我们已知的强大电能资源[6]，而且还具有许多优点，既

[6] 容我在本引言中表明，我不赞成核材料的军事应用。原子能可以服务于地球和人类，但可惜的是，它同样可以被那些疯狂者及其国家用于邪恶之目的。正如化学工业技术本身不危险，但技术的应用却可能给人类和环境带来灾难性的后果(核工业的危害比起石油和化学工业来要轻微得多)。核能是否带来危害，这完全取决于如何应用。

经济，也环保，这一点却鲜为人知。

与其他任何工业一样，核工业也存在着一些风险。核材料的使用必须受到严格管制，这不仅仅是为保护公众和核工业界工作人员的健康着想，而且也是为了不危害地球的未来作考虑。

普通老百姓对核能仍然知之甚少。试问有多少人知道核电机组是如何运行的？有多少人知道自远古时代起大自然中到处就已存在着放射性？而且时至今日，还有多少人仍然会以为一座核电站可能就会像一颗原子弹那样发生爆炸？我们将在本书中就这些问题逐一进行分析解答。

切尔诺贝利，这是个不太好的名字，现在依然令我们记忆犹新，而且每当提起核能，它就常常被挂在大家的嘴边。我们都清楚，切尔诺贝利这样的核事故是完全不能让人接受的。事实上，从核电站的设计，特别是从电站发生事故当晚所出现的运行错误来讲，这次核事故本来是很容易避免的。更严重的是，事故后不久，乌克兰和贝拉鲁斯地区发现了少年甲状腺癌。该地区的降雨中浓聚着放射性碘，如果污染区的居民当时能够得到非放射性的碘片并迅速服用，则这种疾病就可以大规模地得以避免。尽管对切尔诺贝利核事故的医疗治理后果相当客观，但这种治理仅仅集中在事故点周围地区。另一方面，精神异常和集体歇斯底里症这些伴生于切尔诺贝利核事故并且今天仍然继续在整个世界传播的病症，全然超出了该次核事故实际严重性的真正意义。

大约在切尔诺贝利核事故后 8 年，一位朋友非常苦闷地给我打来电话说，她非常想要去波兰参加一个风帆冲浪比赛，但又害怕那里已被切尔诺贝利的放射性微尘污染而感到恐惧。波兰地处波罗的海海边，至今仍然还有放射性危险的各种谣言在风帆冲浪社团中传播！这种说法显然很荒谬。切尔诺贝利的放射性早在到达波兰之前就已经在大气中充分稀释。另外，事故中释放进大气的主要放射性元素是碘-131,而碘-131 的半衰期[7] 仅为 8 天。这就是说,事件后 6 个月,碘-131 元素的残留放射性还不到其初始放射性的百万分之一(即使最大残留量,它对波兰人的身体也没有危害),此后仍继续以指数级的方式递减。

核事故发生后的 8 年来,切尔诺贝利附近的短寿命放射性已经消失,长寿命放射性主要是铯-137 和锶-90,不过这样的长寿命放射性还要持续好几十年。

发生核事故的切尔诺贝利 4 号机组,现在仍然被厚厚的水泥“石棺”掩埋着。2 号机组开始再次启动,但考虑到非核部分的着火,只好停机。然而,两座大功率沸腾管式反应堆(RBMK)的 1 号机组和 3 号机组继续运行到了 2000 年 12 月才最后关闭。现场有数百人在工作,他们没有身着任何特殊防护装置。令人愤慨的是,以乌克兰需要能源为理由,这些机组不得不再次投入运行,我彻底不赞成。

在波兰旅行中或冲浪运动时吸入了一些海水而受到辐射的风险微乎其微,而且也未必就会发生。所以我使我的那位参加冲浪运动的朋友恢复了信心,然而她的忧虑也说明了她对核能内涵的了解过于肤浅,无畏的恐惧完全没有必要。

我有一位荷兰朋友也强烈反对核电。她说是因为她个人的经历才使得她持这种反对态度。自从切尔诺贝利核事故以来,她就患上一种习惯性的疾病,每天早晨起来咳嗽不止,还吐黏痰。她肯定自己就是遭受切尔诺贝利放射性尘埃危害的数百万西欧人之一(这只是她个人的看法)。可是,她每天吸两包香烟,吃下的巧克力之多亦让人佩服之至。我曾提示她每日饮食与咳嗽之间的因果关系,但徒劳无用:她仍然确信,切尔诺贝利的放射性导致了她患上每天早晨咳嗽吐黏痰的这种怪病。核事故后

[7] 放射性释放到一半所需要的时间。

果对荷兰人身体健康的影响实际上在事件的当年(1986 年)就已经非常微小。由于碘-131 的半衰期短,核事故后果的影响到今天已经为零。可是我们一说到放射性,就极易引起人们极度的恐惧。在这种情形下,人们心目中的担心比放射性物质本身还持续得更长久。

本书的目的是想通过阐释疑虑,去除困惑,使我们能够明白更多的一些道理。这样,当我们面对清楚的危机时,我们对这些心里完全明白的事的担心就会越少,从而自我保护的措施也就会越好。

我们生活在一个奇妙的世界里,但这个世界在进步的倡导者们中间也存在分歧。这些倡导者们希望人类得益于科学的进步(有时候甚至违背自然);而自然主义—环保学者们则以保护环境之名,公然指责技术进步,他们以反对工业社会的过度破坏而寻求对自然的保护。实事上,双方的说法都有一定的正确性,我们不应将其放在彼此对立的位置上来比较。我们不禁要问:

难道不可以将自然环保主义者的观点与先进技术的利益结合在一起吗?技术进步的理智应用就是必须尊重环境。当我们想到这一点时,科学与环境的说法实际上都具有同一个目标:为更好了解我们所处的宇宙、为造福人类,为改善环境和改善我们在地球上的生存条件作贡献。

科学不能服务于实用目的,甚至如果不能服务于生命,则可能是有害的。同样,在我们的意识形态中没有科学与生物学的知识,也就不会有生态系统的概念。因此这两种说法并不对立,而是完美互补。

从我内心来讲,我始终是一位环境保护主义者。由于我父亲在相当多的时间里总是因为工作四处搬来迁去,我的大部分童年时光也就在对地球的探索中度过。开始是在非洲中心的加蓬沙滩边上和原始森林里,然后是在纷繁富饶的美国,以及落基山脉的加拿大平原和森林。在我们小家族(我父母、我的四位同胞兄弟姊妹以及我自己)返回到欧洲生活之前,我就已经在卡尔加里生活了差不多10年。

这一整段经历激起了我想去旅行并以此满足我热爱自然、热爱生活、热爱我的人类伙伴的强烈愿望。没有什么可以比大海落日、山野乡村、凝视野兽、朋友欢聚、小鸟歌唱,进而还有帆船迎着大海与蓝天间的巨浪颠簸前行这样美丽的景色了。当我还在学生时代,就想当一名兽医、一名伐木工、一名森林守护者或一名宇航工作者,不过,我对物理、化学和数学也深感兴趣。所以我成了生态工程技术学院的一名学生,随后又成了一名核能技术工程师。我在法国国家电力公司(EDF)工作了数年,最后我决定把自己投身于科学研究和生态系统与健康领域的教学工作。

我写了好几本书,给那些想停止吸烟或想控制自己紧张情绪或促进更生态化生活方式的人们提供帮助。我开始旅行,研究大自然和不同人的生活方式与营养。我再一次横穿地球,这一次是研究世界上人迹罕至的地方所存在的数百种可食用昆虫。另外,我在巴黎附近建起了一座研究实验室,主要研究食用更多天然饮食所带来的益处,同时我开始讲授疾病预防、营养学、戒烟,以及自然健康等方面的课程。

与核能反对者们的争论,常常更多的是在意识形态方面而非科学问题。当人类还没有精明到足以对安全使用任何一种巨大的能量做出判决时,则只能是更趋向于从如此巨大的能量中领悟其危险性(其中确有部分真实性)。当然,一切事物都取决于其运用方式和所追寻的目标。对我来说,似乎最急需做的事就是用更好的方式去告诉公众,这样,当人们知道什么是利害攸关时就可以进行选择。对核能是接受,还是拒绝,应用核能的目的及其方式真实地代表着我们赖以生存的社会的选择。尽管我们对任何新技术都必须关注,但在我看来,那些对核能持反对态度的环保主义者们,他们的反对常常是毫无科学依据,而且大多数时候是建立在无知基础之上的。

从针对核能的论证来看,环保主义者们正好显示出了自己对那些使用不当就可能有危险的技术缺乏信心。他们选错了目标:化学工业和石油工业才更有可能是他们反对的目标。从逻辑上讲,反对矿物燃料、支持核能的新一代生态学者的呼声可望大起来。

对那些不合理的核应用目的:即设计杀人的核武器和没有相应安全预防的工业化核应用,我们必须保持警惕。公众示威游行,反对这样的核活动,完全合理合法。

本书就上述意图进行阐述并帮助人们明白,核能是一种必需的能源,但其开发利用必须安全并具备最完善的预防措施。

20世纪初,当皮埃尔和玛丽·居里发现了放射性之后,许多善行美德都归功于他们的这一发现。人们曾认为,放射性可以治疗风湿病、神经衰弱和失眠,可以缓解疼痛、治疗各种慢性病。人们对此并没有担过心。各种瓶装矿泉水炫耀具有放射性含量,各地的温泉疗养地也在吹嘘自己的矿泉内含有放射性成分,相互展开竞争!有许多这样的温泉疗养地现在仍然在营业,他们的温泉水仍然具有放射性,温泉水的治疗优点没有变,仍然继续吸引着那些寻求更好身体的来访者。最典型的一个例子就是奥地利的巴特加施泰因(Bad Gastein),该地区以氡含量高而著名。令人啼笑皆非的是,奥地利却通过公投,放弃了核能,最近还关闭了通往邻国斯洛伐克地区的边防线,据说是因为该国在离边境50千米内修建了一座核电站。

日本广岛和长崎曾经发生了两颗原子弹爆炸,场面悲惨,这是人类的灾难，也使第二次世界大战从此结束，但原子弹的爆炸却在世界公众的心灵上造成了极大的伤害。世界猛然意识到了原子能潜在的毁坏性。从此以后人们在想，核能的应用还有别的其他方式可循吗？原子能在公众的心里成了危险和毁坏的同义词，生产实用电能的核电站甚至也应当不复存在。人们对核能的了解以前相对较少，因此总是不分青红皂白地一味把自己束缚在战争、痛苦、曲解和毁坏的想像之中。从工艺技术角度上来讲，虽然原子弹与核发电站没有任何共同之处，但时至今日，人们仍然还是不能清楚地分辨出这两者之间的区别。正如我们在本书后面章节中所要讲述的一样，一座核反应堆不会像原子弹那样爆炸，而且，原子弹显然也不可能产生实用的电能。

核电机组与核武器之间存在着相同程度上的关系，就如同用汽油作动力的汽车发动机与莫洛托夫型燃烧弹（一种反坦克手榴弹）之间的关系一样。

用汽油作动力的汽车发动机和莫洛托夫型燃烧弹，两者的工艺都是基于化学能转换为机械能，遵循的是同一热力学原理。但就仅此相似而已。

我们任何时候都能接受用汽油作动力的汽车，因为汽车可以使我们费很少力气而快速移动。尽管汽车导致污染，但用处却非常大。我们拒绝的是莫洛托夫型燃烧弹或者那些仅用于杀人和毁灭目的的其他化学爆炸品。难道我们能够愚蠢到以汽车的汽缸内类似于爆炸手榴弹而产生小型爆炸为借口，就禁止生产汽车吗！试想一下，如果我们没有机动车作为交通运输工具，那么世界将会是个什么样子。无论如何，我个人认为，人类的聪明之处就在于拒绝核武器的残忍，接受核能的和平应用。

在人们今天的想像中，由于混淆了核能的民用与军用，“核”与“毁坏”总是同日而语。核能首先应用于军事并在制造广岛和长崎原子弹的曼哈顿项目中隐秘“诞生”。曼哈顿项目中弥漫着一种“隐秘文化”，然而自20世纪40年代到60年代，似乎很大程度上并不是所有核技术都是严格保密的。1960年，和平利用原子能的国际会议及其展览在日内瓦悄无声息地开幕，但时至开幕之日，公众关于某些“背后猫腻”的想像仍然难以驱散。事实上，人们会说，缺乏向公众提供信息的有关努力是民用核工业的一个重大战略性错误。人们必须知道（虽然为时已晚，但总比不知为好），原子能具有超常的破坏力，但在尊重环境的条件下，它可以为人类善意开发利用。1986年以后，“充分交流与公开”的理念被大多数国家所采用，这种理念正在向着正确的方向迈进，但是，要在被以军事秘密名义、经过数十年神秘与捉迷藏游戏所欺骗的人们心目中建立起信心，还有很长的一段路要走。

> 工业界和政府的思想越开放，环保学者们的思路就能向前跃进一大步。这样我们就会明白，原子能是和平安宁的本源，可以和平利用，我们大家才可能在和睦的氛围下为公共利益共同耕耘。

看起来，我今天确实必须得写这本书，目的在于向人们说明：我们所有人类潜意识中的先入之见仍然根深蒂固。核电，相对于其他常规形式的能源，从环保的观点看，的确具有令人称奇的优势。正如我们所见，核电站发出的电能没有污染，更环保、更安全，比燃气、燃油、燃煤产生的电能更经济。

太阳能和风能也是引起人们关注的可供选择的能源，只要可能就应大力开发。但是，现在这类能源成本昂贵，其推广应用受到限制，而且其污染比人们想像的要严重。硅是用于太阳能电池中光电（PV）二极管的基本元素。它的生产需要使用一些难以处理、不可生物降解的化学试剂。至今，太阳能电池仍很昂贵，它的使用寿命相对有限。尽管价格可以下降，但光电材料始终相对价格高，俘获工业级应用的能量需要覆盖很大面积的光电池。不过太阳能和风能在某些特殊应用领域还是具有经济适用的优势：在需要电能量少而且又远离电网的地方，例如，海上动力浮标以及绝缘无线电话的中继器；发展中国家用于水泵供电等等。“屋顶光电太阳能”可以提供足够的电能，以满足很大部分家用电器的用电需求。在许多阳光充足的地区，太阳能被用于直接加热，提供热水。

核工业是惟一一个真正不向环境排放有毒化学废物的行业。在这方面，它完全不同于燃油、燃气和燃煤发电工业；也不同于化学农业、化学工业以及消费资料生产的行业。

而且，核工业是安全和环保规定制定得最严格[8]、遵守得最好的工业领域。当然，核能的掌握和控制必须尽可能完善。民用核工业领域中的差错和事故的风险可以而且必须降低到最小程度。但在一些国家，不安全的核反应堆仍然还在运行。如果这些反应堆不能达到合理的安全水平，就必须予以关闭。理想的做法应当是，通过节能计划[9]替换应当废弃的核电站的电能，用安全的新型反应堆替换这些过时的机组。核事故的风险不可能消除，但我们也不应该让这种风险使我们看不清这样一个事实，那就是，合理而理智地应用核能，对公众健康和环境保护具有不可否认的优越性。

我们必须拒绝核武器和不安全的工业应用，致力于发展清洁的核能。

---

[8] 正好有这样一个实例：允许的核辐射剂量大约为高毒剂量的千分之一，是二氧化硫化学污染高毒剂量的十分之一量级（就是说，在墨西哥城、雅典，甚至有时在巴黎等大城市，当空气污染严重时，高毒剂量也常常超出了这个剂量水平）。因而，我们可以得出一个结论，核辐射的健康防护标准比二氧化硫要严格 10～100 倍，或者，反过来说，二氧化硫的健康防护标准比核辐射要低 1/10 ～1/100。

[9] 前苏联浪费的原油加上因管道缺乏维修而导致巨量泄漏的天然气，其损失的能源远远超出了前苏联各成员国所生产的电力总和。

原子之所以对我们有那么大的魅力，那是因为，即使是少量的物质，其内部也蕴藏着巨大的能量。事实上，核能密度（一定容积内的能量总和）比矿物燃料密度约大100万倍。因而，一座动力堆三年时间所用的核燃料，仅一辆卡车就可以装载完，而相同发电容量的燃煤电站，一天就要消耗100辆满载卡车的煤！

一克铀（其直径大约为2毫米的小块）裂变产生的能量是燃烧两吨煤所产生的能量。

这为我们提供了一个潜在核动力的概念，人类成功掌握了核能，这难道还不令人称奇吗？

现在让我们再回来谈谈放射性与电离辐射。放射性与电离辐射是一种自然现象。自然环境中处处都存在着放射性与电离辐射，而且远比人们所想像的要多得多。我们的日常生活总是沐浴在天然放射性之下。星辰与太阳的自然光辉及其辐射光，都是太阳芯核深处核能反应的产物，特别是太阳能，许多环保学者们是如此的推崇。自从宇宙诞生以来，就一直存在着放射性。星辰及地球的演变发展、地球上生命的繁衍，都是在长期连续的电离辐射及其辐射光的连续沐浴中诞生的。没有太阳照耀在地球上的核反应，我们生活着的地球就永远不可能有生命的发展。

放射性与电离辐射不仅存在于太阳和星辰的内部燃烧中，而且也存在于地球上。我们所受辐射剂量的多少，很大程度上取决于我们所处的地点。例如，花岗岩地区就有非常高的放射性。当我们在高原山区度假时，我们也将受到更多的电离辐射。可以说，乘飞机旅行，尽管时间不太长，但受到的辐射剂量却较高。飞行员和机舱空勤服务员，很多时间是在高空度过，他们所接受到的剂量，在某种程度上甚至超过了核能领域工作人员所承受的规定剂量，然而，却没有发现这种辐射对他们的身体有多大的危害。

我们的身体完全具有在接触一定量的放射性和电离辐射条

件下生存的能力。虽然过量的放射剂量可以杀死或者引起白血病或者其他癌症是事实，但这就像过量的敌敌畏或其他人造化学物质甚至医药一样，可以危及人类生命器官组织。尽管我们的肉眼看不见（某些甚至可能让人产生怀疑），但使用一种简易的盖革计数器，我们就能很容易地测量出其放射性和电离辐射。

在切尔诺贝利核事故后的日子里，整个欧洲地区呈现出可测量性的放射剂量增高。法国境内的电离辐射剂量因为核事故产生的放射性污染而增高了大约 0.1 毫希[沃特]，相当于天然辐射和宇宙射线所致电离辐射的年剂量的百分之一或二，是法国境内一个地区到另一个地区天然剂量变化量的 10 倍。

简而言之，辐射是否有害，完全取决于所接受到的剂量多少。我们人人都接受了一定剂量的辐射，这是非常自然和正常的事，只有过度超剂量的辐射才有可能致害。因此，我们必须小心谨慎，尽量使接受到的剂量保持与天然辐射剂量处于同一数量级水平。如果我们能够做到这一点的话，那么我们的核能应用根本就不会有风险。自然剂量的辐射并没有显示出具有危害性。实事上，某些权威部门还认为辐射有益健康。

愿大家能从本书中获得一些有益、实用的信息。我希望，本书能使我们大家认识到尊重我们美丽星球的重要性，而且也使大家意识到科学进步的益处，以及通过负责任地利用核能所带来的诸多好处。保护好这个星球并为我们的子孙后代维护好它，这是我们大家义不容辞的责任。

我们大家都受到的辐射源

天然辐射：平均说来，我们所接受到的电离辐射中大约2/3是天然的。这些辐射来自于太空的宇宙射线（海平面：0.5 毫希[沃特]/年），来自于我们足下土壤中的放射性（0.5～260 毫希[沃特]/年，取决于地层的成分；大多数地区平均 1 毫希[沃特]/年），来自于人体本身（平均 1.5 毫希[沃特]/年——我们体内的钾和碳具有微弱的放射性）以及来自于我们所吸收的空气中的天然氡。

医疗照射：生活在工业化国家的人们所接受到的电离辐射，1/3 来自于医疗成像技术和放射技术：胸腔 X 光透视检查、牙科 X 光检查、CAT 扫描等等，还有来自医疗诊断或放射治疗时注入体内的放射性同位素。

人工照射：我们所接受到的全部电离辐射中，仅有不足1%来自非医疗性的人工辐射源；这就是军民共用的核工业，包括核武器试验后降落于大气中的显而易见的放射性尘埃，这主要发生在 20 世纪 60 年代（大约 0.5%），而极少量部分才是核电工业泄漏物（大约 0.003%）；电子产品，如电视机和计算机，电离辐射微不足道。

我们大家都受到的辐射源：

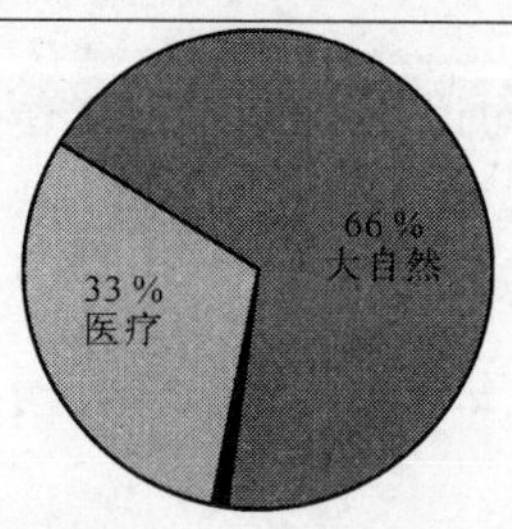

在我们所受到的电离辐射中，来自非医疗性的人工辐射源不足1%

反核游说者们攻击核电工业时选错了对手。如果我们接受到的放射剂量对我们的身体有危害（所幸的是这并不是那么一回事儿），这些反核游说者们就应该考虑撤离这个星球，因为这个星球的土壤里具有放射性，也不要再躺在其他人的身旁，因为人体也具有天然放射性；接下来，他们应该撤离布列塔尼半岛、巴西或者伊朗（以及许多其他国家）的很多地区，因为自从有史以来这些地区的大地上就具有很强的放射性（甚至那时的放射性比今天的放射性更强）；他们旅行时也应该避免乘飞机，放弃去山区度假，因为宇宙射线的强度将随高度的上升而增加（当海拔高度达到2 000米时，宇宙射线的强度大约比海平面时的射线强度高出2倍）；再接着，他们应该在抨击军用核试验前首先反对医疗放射技术；最后，只好采取反对用于发电的民用核能，但是民用核能几乎不向环境排放任何废物。

第一部分
原子奇谈

原子奇谈为进入核论坛提供了一条新的途径:大多数环保学者强烈反对核能。本奇谈提出了核能是现有可用能源中最绿色的能源,而且从环境保护的角度看,核能将是21世纪的主要电力能源。

第1章

核能：比你想像的更洁净

“我们怎样才能使燃油或燃煤不排放二氧化碳？要减少二氧化碳的排放总量，除了使用如核能或太阳能这样的替代技术所生产的能量外，我们别无他法。总之，我们必须通过更有效的利用能源而实现节能。”

原环保部部长

布赖斯·拉洛德[10]

辐射具有天然性。因此，放射性无所不在，它存在于大自然、土壤、海水、空气、食物和宇宙中。许多人对核电抱有成见：他们认为核电是一个产生巨量高放废物并将这些高放废物又排

[10] B. 拉洛德，《国家环境保护规划》，环境现状补充条款，No122，1990年9月。

放进环境的行业。实际上，完全不是那么一回事儿。人们一想到核电站庞大的浇筑混凝土烟囱（称为"冷却塔"）冒出的白色烟云，就激起他们产生了一种惧怕核电站拥有巨大能量的阵阵痛苦（如果受到了辐射那该怎么办？）[11]。

普通老百姓常常一发现这种烟云就感觉不安，并想像到这些烟云含有致毒化学物质甚至放射性物质。显然这是无稽之谈。这种烟云，就像天空中所有其他云雾一样，只是雾气形成的水珠而已。冷却塔的目的是排除电站所产生的没有转换成电能的部分热能[12]。从热交换器排放出来的这些热水不具有放射性，因为这些热水从来没有与核燃料接触过，只是在冷却塔内循环，通过接触大气而冷却，形成一种暖湿气流，缓慢上升并最后从人们看见的烟道口逃逸出去。当这种暖湿气流在烟道口接触到外部冷空气时，水蒸气冷凝成水珠，产生大量白色云雾状烟云。当核电站坐落在内陆河畔时，只要河内的冷却水流量不足，冷却塔便启动运行，以避免过多的热能被泵送进河里。大气温度上升非常小。一些内陆核电站冷却塔释放出来的清洁"生态"烟云，当然可以被吸入人体，不会有什么危害，显然与燃煤或燃油电站排放出来的黑色浓烟不是一回事。当人们参观核电站时，可以到这些冷却塔的内部去观看。如果核电站位于大海边，由于有大量的海水，也就不需要建冷

[11] 我们仍然生活在一个非常矛盾的社会里，我们往往把什么事情都按自己的想像来区分"好"和"坏"、"黑"和"白"。在我们的电视新闻报道里，总有不少的稀奇事，但我们还得强调事情的另一面。如果我们稍稍懂一点摩尼教的二元论，认真权衡我们所做的每一件事的正面和反面，我们就会做得更好一些。如此看来，设计优秀的核电站有着巨大的优点，障碍仅仅是次要的。

[12] 按照热力学定律，热能不可能完全被转换成电能，总有部分余热不能被转换成电能。这些余热被释放到周围环境中，致使电站周围的河水或大气温度稍微有些上升。

却塔。不过，值得注意的是，在燃煤或燃油的电站，我们也可以看见这样的冷却塔。实事上，任何大型电站都存在这种特色的冷却塔，没有足够的河水时，冷却塔启动，带走废热。

汽车、工厂排放的烟雾以及常规燃油、燃煤或天然气等矿物燃料电站所排放出来的烟雾则完全不同。这类烟雾中含有大量的、完全不利于环境的有毒物质：二氧化碳，构成温室效应并使地球变暖；一氧化碳，一种有毒甚至致命的气体；二氧化硫，形成酸雨的主要根源；二氧化氮，导致肺炎的祸根。下面我们就来讨论一下这些物质所产生的影响。

二氧化碳（CO_2），存在于大自然中的一种气体，无毒，但在食物循环，即动物和植物之间的相互依存关系中起着非常重要的作用。植物通过光合作用生长，吸收阳光和二氧化碳，产生碳水化合物。植物在这种光合过程中释放出氧气。动物食植物，并将碳水化合物与吸入的氧气进行新陈代谢，然后释放出二氧化碳。然而，多余的二氧化碳可能具有人们不希望有的作用。一座燃油或燃煤电站要产生大量的二氧化碳，同时也消耗掉了大气中的大量氧气。基本的燃烧反应式是 $C+O_2\rightarrow CO_2$。式中，碳（C）来自于燃料，氧气（O_2）来自于大气。在高度工业化的地区，由于大气中的氧气量可能有少许下降，那么空气中的二氧化碳水平就可能稍有点儿上升。一座连续运行的百万千瓦级燃油电站，每年要消耗掉 24 亿立方米的氧气，同时每年向大气释放 24 亿立方米的二氧化碳。

在工业化国家，供热、运输和电力生产以及消费物资所耗费掉的氧气以及产生的二氧化碳，要比这些国家居民和动物自然呼吸所消耗的氧气高出数百倍。

大多数气象学家们认为，工业化社会释放进大气中的二氧化碳，是导致地球产生温室效应和气温上升的一个主要原因[13]。现在大气中的二氧化碳水平甚至比10万年前还要高，而且还在快速上升。

按照法国科学院院士C.弗雷杰克斯的观点，如果大气中二氧化碳的水平增加1倍（自20世纪初以来已经上升大约30%，并且还在继续上升），估计地球平均地表温度就会上升3～4.5℃。地球的这种变热将使位于赤道上的国家气候恶化，土地沙漠化，森林火灾将频繁发生，还会导致部分南极冰帽融化。可能在21世纪下半叶，海平面会上升，从而爆发沿海地区洪灾，对海港尤其产生影响。值得一提的是，届时荷兰的大部分地区可能将淹没在海水里，柬埔寨的一部分地区以及一些低洼海岛都将消失。所有燃油、燃气和燃煤电站释放出的巨量二氧化碳对温室效应都会产生重要影响，核电站却根本不释放二氧化碳[14]。

燃煤、燃气或燃油电站，每发出1千瓦小时的电就会向大气释放大约1立方米的二氧化碳，对温室效应产生重大影响。

然而，核电机组即使发出1千瓦小时的电也不释放任何二氧化碳。辐照后的燃料元件回收后只剩下0.1毫克的高放废物，这些高放废物是不允许被排放到环境中去的，必须认真进行封闭、处置、存放和监测，使其放射性随时间而衰减，直到无害。

---

[13] 气象学家们或许不完全同意这一观点。但是，我们必须避免任何无法挽回的情况发生，这关系到地球上人类及其生命的生存。一旦不能确定就必须采取相应的预防措施：这种情况就意味着，核能可能替换矿物和有机燃料。

[14] 阿尔伯特·杜克洛克，《核技术将重新备受推崇》，法国财政No265，第76页，1992年11月。

一氧化碳(CO),一种实际上在自然界并不存在的气体,主要是在 C+O→CO 形式的化学反应过程中不完全燃烧形成的结果。在燃煤电站、燃油器、汽车尾气、香烟燃烧等所释放出来的烟雾中,都存在着一氧化碳。一氧化碳具有很强的毒性,它可以取代血液中的氧。一个人可能会因吸入太多的一氧化碳导致氧气不足(缺氧)而死亡。一氧化碳无色、无味,凭我们自己的感官不可能察觉得到,但可以通过专用仪器进行测定。我们通过定期检查汽车的一氧化碳排放水平,可以测试出汽车是否“污染”环境。汽车尾气中的一氧化碳,平均含量为 1.5%,而法规要求不得超过 3%;香烟烟雾中所含的这种强毒气,平均含量为 3.2%。

任何燃烧碳基燃料(煤、燃料油、天然气、液化石油气或其他石油产品或木材)的设施:如电厂、工厂、烹调燃气炉、加热器、锅炉和汽车,都在向大气排放数量不等、有时候数量相当大的一氧化碳,这是一种极强的致命剂量的毒气。工业化国家每年排放的一氧化碳含量达数亿吨。核电的生产,完全不产生也不向大气排放任何形式的一氧化碳。

煤和燃料油在燃烧($S+O_2 \rightarrow SO_2$)过程中产生大量二氧化硫(SO_2),形成硫化污染,一种类似二氧化碳的气体,升入空中,与大气中的水汽结合,生成硫酸(H_2SO_4),被空中的雨水淋洗,这就是危害植物和树木的酸雨现象。在某种极端情况下,降落在一座炼铜厂(矿石中含有硫酸铜)顺风方向土壤里的酸雨,即使不把全部植被杀灭也可能杀灭大部分。

不管怎么说,核电站发电绝无二氧化硫排放。

氧化氮(NO_x),是一些对环境以及生命机体有毒的气体,可导致人类产生呼吸障碍。这类化学物质存在于自然界,但为数极少。燃烧油、木材的电厂,尤其是机动车,向大气排放大量的氧化氮,这也是导致城市污染并有害于公众健康的主要原因。

工业化国家每年排放到大气中的氧化氮含量达到数亿吨。

核电站根本就不排放氧化氮。

在过去的数年里,一些石油化学业开始着手调查研究自己活动的环境后果,并采取了一些措施,限制污物排放;这些石油化学业为尾烟和排放物加装过滤器,优化、改进运行,以期达到最低程度的排放。但是,在陆路及城市运输的燃烧矿物燃料的车辆[15]却继续在污染,而且这种污染在扩大化,形势严峻,尤其是城市和高度工业化的地区,如日本,更是如此。世界人口的增长和贫穷国家的日益工业化(我认为这当然是积极的,也是必然的)加速了地球的污染。越多使用矿物燃料,越多的陆路交通,越多的消耗,结果污染也就越严重。每年数以百万吨计的有毒废物就这样被倾泻进了海洋、河流和大气。这些化学废物扰乱了我们地球上的临界生物平衡,这是一个严峻的环境问题。

核能的生产并不释放这些不需要的有毒化学物质。

单独一座核电站,例如位于巴黎东部的诺让(Nogent-sur-Seine)核电站,装有两台130万千瓦机组。在第一个4年运行循环(1987—1992)期间,提供了500亿千瓦小时的电能,或平均每年发电120亿千瓦小时。这就是说,几乎是巴黎市全年的用电总量,或法国全年用电总量的5%。如果要生产同一额定量的电能,则必须得燃烧1 100万吨燃料油,相当于一列长5 500千米的油罐列车,每节油罐车装满30吨油;或燃烧1 700万吨煤,相当于一列长4 600千米的列车,每节车厢装满55吨煤(从巴黎到

[15] 空运和石油在一定程度上在减少同样是事实。正如我们所看到的一样,电动车实际上没有污染。所幸的是,电动车的研发正在起步。电动火车、电车和电动公共汽车是一流的生态运输交通工具,尤其是电动卡车和电动小汽车以及电梯(如果全部或大部分电能来自于核能),都没有污染。

莫斯科的距离)!

一座100万千瓦级的电站运行1年,可发电66亿千瓦小时。我们可以作如下选择:

一座燃煤电站:

— 燃烧230万吨煤(相当于一列长1 000千米的列车);

— 释放30亿立方米的二氧化碳到大气中(导致温室效应更严重);

— 排放41 000吨二氧化硫(导致酸雨);

— 960万立方米的氧化氮(呼吸刺激剂);

— 1 200吨尘埃;

— 377 000吨飘浮飞灰;

— 250 000吨固态灰粉。

还需要值得注意的是,煤含有少量的金属铀混合物,具有天然的放射性,大约可能有700 000 000贝可(或0.01居里,3.7×10^{10}次衰变/秒)辐射从深层煤矿里转移到地表环境中。

一座燃油电站:

— 燃烧152万吨油(3个50万吨巨型油罐的装油量);

— 释放24亿立方米二氧化碳(温室气体);

— 排放出91 000吨二氧化硫(酸雨);

— 6 400吨氧化氮(呼吸刺激剂);

— 1 650吨尘埃。

不过,实际上没有灰粉。

一座核电站:

— 需要27吨富集度为3%的浓缩铀(一辆卡车或两辆卡车的装载量);

— 绝对没有二氧化碳释放（无温室效应）；

— 无二氧化硫（无酸雨）；

— 无氧化氮；

— 无粉尘和灰粉；

— 仅产生14立方米高放废物（辐照后的燃料，其中97%的成分都可以通过乏燃料元件的后处理，实现回收和再利用）和大约500立方米中、低放废物（封闭存放，不排放到环境中），以及每年向环境排放的放射性大约为11 000居里[16]。

这包括10 000居里的气态排放物和1 000居里的液态排放物。与同年同一地区的氡所释放的天然放射性相比，核电生产释放出来的放射性剂量非常微小，而且这还是几年前的数据，通过设备和工艺的改进，现在已经有所降低。目前因排放照射所引起的电离辐射大约是每年允许剂量值的1%：该临界值设置得相当低，安全系数很大。

当今地球上所有运行中的核电站，人为排放到环境中的放射剂量大概是地壳自然放射剂量的10^{-13}。

实际上，与生产相同电能时产生数百万吨化学致毒废物和数十亿立方米毒气的燃气、燃油和燃煤电站相比，核电站排放到环境中的化学物质数量更少，释放的放射剂量也很低，可以忽略不计。这就清楚地表明，核电比煤电、气电或燃油发电更有利于环境。

尽管油、气比煤的污染要少得多，但令人无法想像，核能的消费相对更少，而且也更清洁。一座燃煤电站，就其消耗的

[16] 资料来源：法国核能学会。这样的辐照量可以与杀虫剂和其他农用化学品的毒性进行比较。化学品的安全限值相当低，即使进行检验，也是以非常随便的方式进行。在实际执行中，并不完全遵守安全的规定，在需要尽量多生产与几乎完全缺乏验证保护消费者健康和环境管理规定的任何形式（已经不严格）之间进行选择时，农民们未必会犹豫不决。

燃料重量来说要比核电站多10万倍，产生的废物比核电站也要多10万倍。废物的种类各不相同，一种情况是化学废物——被排放进大气中的灰粉和气体，大约有500万吨；另一种情况是放射性废物——辐照后的燃料，大概有14立方米。这些辐照后的燃料没有被排放到环境中去，只是对其进行存放和/或后处理。

另外，还有一个有趣的问题是：我们真的需要消耗这么多的能源和电能吗？事实上，减少污染的最好、最安全以及最有效的方式就是减少使用能源。我们随后将回过头来讨论这个问题。

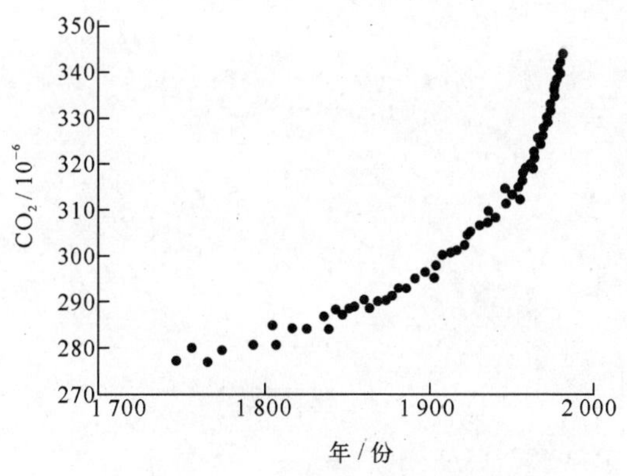

大气中日益升高的二氧化碳含量

大气中稳定升高的二氧化碳含量对温室效应至少产生部分影响，这种温室效应通过多种途径导致全球温度变暖。自从我们开始大量燃烧矿物燃料（煤、油和天然气）以来，大气中的二氧化碳水平已经上升了30%。核电站不存在二氧化碳的释放问题。即使称为“绿色燃料”的无铅汽油和有机燃料（如用蔗糖或菜油制取的发动机燃料），在燃烧过程中也产生二氧化碳。如果大气中二氧化碳水平再提高一倍，地球的平均温度就可能上升 3～4 ℃，这就会导致明显的气候变化和海平面的上升。

第2章
完美设计的核电站对环境影响微乎其微

“今天的否定是明天发展的必然。”

马塞尔·普劳斯特

一个拥有4台130万千瓦机组的核电站，占地面积大约仅1平方千米(相当于一个拥有草坪和停车场的体育中心的面积)，而它生产出来的电能足以供应巴黎、伦敦或东京这样的大城市使用。若使用光生伏打电池来产生相同电量的电力，那么整个地区都不得不被难看的太阳能板所覆盖。太阳能板的生产有污染，金属支架需要数千吨的钢材或人工合成材料，并且每20年左右还需要全部更换一次。产生相同电量的电力也需要数千台风轮机，这些风轮机将覆盖广阔的山区，破坏我们所见周围数英里(1 mile≈1.609 km)的风景。核电站释放到环境中的化学物质，数量微不足道，相比于所在地的天然放射性，核电站释放的放射性剂量非常小。德国、日本或美国核电站附近地区的放射性,甚至低于布列塔尼海滩的放射性。布列塔尼海滩上的花岗岩,天然放射性远大于冲积平原土壤中的放射性。实际上,核电站对环境的唯一微弱影响,就是可能使周围一定范围内的风景区和海水、河水的温度微弱上升二三度,这样微弱的升温有利于藻类和鱼类的生长[17]。

河流中的生态系统不可能仅仅因为二三度的温度升高而遭受严重干扰,冬夏之间河水温度的自然变化可能达到10或20摄氏度左右。对核电站所处河流的上下游温度,要定期采集,而且必要时冷却塔也会启动投入运行。值得注意的是,各种发电系统,包括燃煤、燃油和燃气电站,以及核电站,都会造成热能浪费并使携带热量的大气或江水变暖,这就带来了我们一会儿再讨论的一些问题。

有趣的是,据说一只绰号叫布里奇特的雌海豹,生活在英伦海峡的海水里,她觉得更喜欢生活在诺曼底地区帕略尔(PAL-UEL)核电站附近的海水里。现在她已经习惯了居住在核电站水泵泄水通道的附近。她在这儿的海水里似乎更享受健康。这儿的海水里无疑有更多的鱼,鱼儿们也喜欢温暖的海水[18]。

我在离诺让(Nogent-sur-Seine)核电站几公里的地方居住了多年,我的这一生活经历既没有影响到我的身体健康,而同住

---

[17] 作为首要条件,只要增加的热量相对小于从太阳接收到的热量,那么这种升温就不会影响地球的热平衡。当前,因工业和人类活动直接释放热量所导致升温的影响比温室效应及环境化学污染所致增加的影响小,似乎微不足道。但我们也应该认真对待,不要使大气层过热。如果全球有10或20亿的居民都开始人均消耗美国和欧洲居民现在所消耗的一样多的能源,那么这一问题将来就可能产生。到那时,问题将不再是如何提供更多的能源,而是如何减少能源的消耗。

[18] N. 胡洛特,《布里奇特喜欢核能》,VSD大自然,第3期,第7页,1993年7月。

这一地区的其他居民的身体健康也没有受到影响。如果我不得不在离一座核电站、一座矿物燃料电站或一座大型化工厂数公里的顺风处附近选择居住的话，我会毫不犹豫地选择在核电站附近，因为核电站的排放物几乎为零。核电站排放的安全标准相当严格，发生意外事故的风险及其后果更是极小。一座运行中的核电站实际上什么释放物也没有，它不像化工厂或矿物燃料电厂要排放出大量的有毒物。

即使是意外事件，一座安全核电站的风险也可能远比一座化工厂的风险低得多[19]。意外事件风险具有不同的特性。如果将核工业与化学工业的主要事件进行比较，未必核工业的事件就要多一些。据官方报道，在印度博帕尔化工厂事件中，大约有 3 000 人殉难，这大概是切尔诺贝利核事故死亡人数的 100 倍[20]。

然而，我们中的大多数人都没有选择的余地，可能住在离化工厂更近的地方，而不是住在核电站附近。首先是因为相对于核电站来说，炼油厂和化工厂的数量更多，即使在法国这样电站建设布局比较完善的国家，也是如此；其次是因为大多数情况下，核电站被建在远离大城市和相对说来人烟稀少的地区，而化

---

[19] 除非发生了气罐爆炸或储油罐出现了无法控制的火灾，一座燃油或燃煤电站发生的意外事件一般不会对普通大众造成危险，但对在电站内工作的人员却有影响。

[20] 到 2000 年，大约有 1 800 例甲状腺癌变病例接受过治疗，其中死亡病例不到 10 例。在该地区遭受过辐射的人群中也没有发现白血病或肿瘤癌的增加病例。居民生活的真实成本无法统计。一切皆因苏联政府瓦解所带来的社会动荡和社会机能障碍、尤其是该地区受放射性尘埃污染最严重的 50 万居民的永久性疏散等所掩盖。在任何一次核事故中，受影响程度的总量远比我们深信不疑的数千或数百万要低得多。

切尔诺贝利核事故及其前因后果已由杰克斯・弗罗特(JACQUES FROT)在他撰写的一篇名为《切尔诺贝利核事故真象》的文章中进行了分析。可通过链接因特网址http://www.ecolo.org(点击“文档”部分）获得该文。

工厂和炼油厂则常常被建在港口附近以及大城市里。我们应该感到高兴的是，我们并没有正好居住在核电站旁边，的确是这样，为了使可能发生的核事故影响降低到最小程度，国家已经颁布了一条政策，那就是大多数核电站都应该尽可能建在远离城市的地方[21]。

核工业的管理标准非常严格，应予继续保持，但是，为了保护我们的星球，其他工业行业也必须采用类似的标准。

[21] 这一政策也许会随着下一代核电反应堆的出现而得以修改。例如高温反应堆(HTR'S)本身很安全，而且根本不会出现重大事故风险。

第3章
自然可变性

任何改变环境的工业活动都是为了使自然现象服务于我们人类的意图，而且这些活动可能会显著地改变环境自身。

如果我们希望我们的地球仍然适宜于居住，那些改变环境的人，也就是说我们每一个人：企业家、农场主、建筑师、工程师，以及我们每一位消费者，都必须确保这些改变不要太过分，任何改变都必须具有可逆性，并且不会危及到地球上生物的生存质量。但是，我们怎样才能知道哪一类工业会危及到生物的生存质量呢？

在某些领域，一种自然因素的数个百分点的变化就可能变得不自然，因而不可接受。例如：大气压力在 990 至 1 030 毫帕之间变化，它的变化不能超过平均值的±2%。任何可能改变大气压 1%左右的工业发展，比如说，有可能使大气压超过正常值范围的工业发展，对我们来说都是不可接受的。（幸运的是，还没有任何工业明显影响到地球的大气压）。

在其他一些领域，自然变化使某个环境因素局部加倍，甚至增加 10 倍，但这种变化不会对生物产生很大影响，因为这个环境因素的变化甚至可能比自然的变化更大。

有这样一种情况，由于土壤、海拔高度、甚至气候的不同，一个地方的放射性和电离辐射可能天然就比其他地方高出数十倍或者数百倍。这种放射性水平程度的局部和暂时性加倍，甚至上升 10 倍，似乎是完全可以接受的。放射性干扰可以随时间而衰减，当然，也可能通过大气或海洋的稀释而消散。

不过我们现在远离这种极端情况：任何一座核电站，周边放射性和电离辐射的增长大约为自然本底的千分之一，本底的变化仅仅由于天气的原因就可能远远大于增长。

让我们再来谈一谈几个实例，然后为合理利用自然资源提出一个简单的规则，从而使资源利用能够与良好环境的工业发展相适应。

在同一地区，由于季节和气候的不同，大气中相对湿度在 0～100％之间变化，可能很容易。相对湿度局部上升或下降 20％或 30％，我们并不觉得异常。导致这种局部变化的工业活动若对自然不构成威胁，那么该工业活动似乎就是可接受的[22]。

在第 1 章里，我讲到了我们可以利用江水带走核电站产生的余热。江水的温度从夏季到冬季可能会自然地变化10 ℃或 20 ℃。如果我们将电站上下游的温度进行比较，就会发现，上下游的温差仅仅只有几度。这样，我们就可以推断出温度的变化对环境没什么重大危害。

我们将可接受的工业发展界定如下：

---

[22] 实事上，这是任何电站（核能或矿物燃料）冷却塔的情况。冷却塔将水蒸气释放到大气中，不会引起较大的生态问题，因为天空中有云层很正常，并且可能每一天都有很大的变化。

“自然可变性”原则

只要局部和全球两者都保持自然平衡，并且地球自然资源的利用不会导致环境出现较大变化，那么工业的发展就是可接受的。如果环境的改变被限制在一定的时间和空间，那么这种改变也是允许的。任何改变，包括人类活动的干预，只要超过了使同一参数从某地到另一地和/或从某时到另一时的自然变化，那么这种改变就应视为“不自然”。

按照我们的“自然可变性”原则，看起来民用核能工业是可以接受的，因为它不会使任何环境因素出现重大变化。一座核电站周边放射性水平的增加非常微小，实际上，这种增加与自然变化相比，要低 1/100～1/10。来自核电站的放射性完全与自然界、土壤、水和大气中任何一个地方所探测到的放射性相同。所以核工业所带来的放射增长非常微小。

从低剂量辐射完全没有负面影响的观点看，即，低于 100 毫希/年，我认为 ALARA 原则（合理可行尽量低）应由一条与科学事实更加协调一致的新的生态学观念所替代。这一观念可以称为 ALAIN（尽量低到自然值）。

当今运行中的核电站所含的放射性总量仅是地球天然放射性总量 1％中的万亿分之一（10^{-12}）。

因此，我们没有理由恐慌，特别是反应堆中的铀只是从矿山中开采并浓缩的天然铀矿。核反应生成的产物，即我们一会儿将要讨论到的“核废料”，没有被分解到环境中，而是小心地进行封闭处理。因此，核电站不会给生态系统带来任何大量的、新的放射或化学物质。虽然核电可能有一些释放物，但其释放量与自然变化相比、与其他工业部门相比，仍然很低微。因此，我们似乎有理由做这样的假设，即只要排放的辐射剂量保持与自然辐射的变化等量或稍低，那么这些排放物对生态环境就没有负面的影响[23]。

---

[23] 据观察，江鱼、鹿、鼹鼠、田鼠，以及其他陆地哺乳动物在核电站周边生活、繁衍得相当好。这些地方的放射性水平仅比核电站建设之前略高一点。

第4章 实施严格的质量安全标准防止核事故

“致力于核安全的研究
更胜于任何其他技术的研究”

汉尼斯·阿尔夫文
诺贝尔物理学奖获得者[24]

我们必须使民用核能工业发生事故的风险降低到最低限度。严格的安全准则必须应用于反应堆的设计，严格的安全制度必须在核设施的运行过程中认真遵守。核事故和核事件较为罕见，后果也很有限。由于遵循三重密闭屏障防护原则，核设施

[24] 引用自伊夫·丹尼尔的著作《核能，使我们大家都冒着生命危险》，铁石心肠，巴黎，1987年。

也不太可能产生污染。发生严重核事故的可能性非常小。如果一座设计完备的核电站发生事故(特别是围绕反应堆的混凝土穹顶设置非常牢固,足以在反应堆泄漏、熔塌、火灾或蒸发器爆炸相关的意外事件中阻止放射性物质外泄),也不会使环境产生显著改变,因为放射性会被反应堆外壳的密闭结构限制住。即使是三里岛那样严重的核事故也没有对环境产生严重的影响,泄漏出去的放射性仅在一段有限的时期内存在于局部的大气中。另一方面,这里再次重申,化工厂对环境的污染从开始运行的那一刻起就已经开始,说这些似乎都已经是画蛇添足了。

从另一侧面看,切尔诺贝利核事故是绝对无法接受的,因为它对这一整个地区的污染长达十年。时至今日,虽然环境中的放射性自核事故发生以来已经显著减少,但在切尔诺贝利周边地区仍然可以发现大量的放射性元素铯-137[25]。

我们必须尽我们自己所能,避免这样的大灾难再次发生。所幸的是,所有近期建造的反应堆,都具有坚固的密闭安全壳结构。这种结构在减少任何意外核事故的后果方面起着重要的作用。将来,我们会有新型的核反应堆研制出来,这种反应堆会更安全,充分体现出安全设计的原则,所以即使在可想像的最坏情况下,也不会对环境产生危害风险。例如高温气冷反应堆(HT-MGR)就是这种新堆型设计之一。

在化工行业,或在工业化的农业中,情况却完全不同。在这些领域里有大量的新型化学物质产生出来并被释放到环境中,其中包括由石油化工工艺技术制造的敌敌畏(DDT)和化肥,以及数千种其他合成化合物。这些物质在自然界中并不存在,但

---

[25] 切尔诺贝利核事故的放射性事实上在数千千米以外也能探测到,但是相比于日常本底放射剂量的变化,增加量还是很小。

却被人为地制造出来并在许多领域里大量使用。这些化学物质很有可能破坏某些生态系统[26]。这些实践活动是人为设计的，需要人类的智慧和力量，但却导致环境产生重大改变。

牙科医生使用了十余年汞齐补齿混合膏料；如果某种汞齐补齿填充物采用劣质材料制作，则可能会使病人在不知不觉的缓慢过程里中毒受害。当适宜的替代材料成为可能、病人承担的这些风险被消除时，牙科业才会有真正的信誉。现在采用的是树脂基汞齐膏和低毒材料。我们再来谈论其他几个实例：

硝酸盐存在于自然界。农业生产中使用的硝酸盐导致了地下水里的硝酸盐含量剧增，出现这种情况是不可接受的。在欧洲的许多地区，由于农业生产中过度使用硝酸盐，使地下水中的硝酸盐含量有所提高[27]，人类饮用水中的硝酸盐含量就超过了最大允许值标准。同样，燃烧矿物燃料：煤、石油和天然气，可使城市大气中的一氧化碳含量上升到亿分之几，但在正常情况下，大自然中是不存在一氧化碳的。当相对于今天较少考虑生态环境影响的时候，农业化学以及我们燃烧煤、石油和天然气的能源工业就已经存在：所以迫切需要对这些实践活动重新进行考虑。

为了公众的健康和安全，我们必须尽力减少污染，有计划地

---

[26] 这已经相当清楚，在酸雨毁坏森林和地表植被的情况下，虽然其根源二氧化硫确实存在于自然界，但却是在火山爆发过程中产生的。工业活动所释放出来的二氧化硫数量巨大，远远超过"自然"形成的数量水平，因而导致环境遭受更大破坏，例如，一座冶炼厂周围的生物和植被可能直接被毁灭。

[27] 硝酸盐存在于自然界，但却比农业生产中的使用量低很多。如果以生态为理由反对核电，则非常荒谬。核电对环境不产生重大影响，但继续采用众所周知的方式施用那些有害的农用化肥，那么过量使用人造农用化肥将会造成双倍的损害：不仅对环境有害，而且对使用者的健康也有害。

为实现工业界众所周知的“零缺陷质量”目标而努力。

正因为我们所做的一切都有着一种最低的风险，因此，就算这是很难实现的目标，我们也应该始终为完美和“零缺陷”的理念而努力。我们的行为不能仅仅符合常规工业要求和核工业的特殊要求，还必须对我们生活中的方方面面加以认真的考虑。

追求完美和尊重他人的秉性，以及创造优质的环境赋予了我们现代文明人的文明特征：受过教育，有能力，对自己的邻人充满敬意。

各行各业，预防总是胜于治理。建立一个注重安全、以最佳性能为目标的规则，需要耗费大量的资金，但资金的投入终将获得赢利的回报。

核电必须由独立于运营方的组织机构进行严格的控制。任何一种严重的事故都是不可原谅的，所幸的是核工业有一套切合实际的处理办法：最优质的运营服务，零缺陷的运行目标。我们必须牢记三里岛和切尔诺贝利核事故的历史教训，保证不再有同样的错误重演。尽管准备有最好的预防措施，但风险依然存在。我们可以通过深思熟虑和规范我们在设计、建造和运行各阶段的工作行为，使核事故在数量上和危害的严重程度上降到最低。

核安全的管理模式也将形成于民用航空工业的安全管理。我们所做的一切都是在确保行业的安全运行，避免各类事件的发生，从而维持公众的信心。业内全体工作人员必须接受严格的培训，取得合格证后才可上岗操作，通过有计划的再培训和考试制度，使工作人员保持最新技能水平；维护保养工作要在严格的规章制度下按照保存维修记录的要求进行；违反规章制度和程序将遭受惩罚或其他纪律措施的处理。从一个国家的角度看，惩罚是由独立于商业运营方的政府安全监督员来执行的。

但核事件的确时有发生，公众仍然没有安全感。

例如航空业，每次惨祸事故皆由政府安全运输部门、飞机制造商以及商业运营方实施详细调查；以便找出行之有效的预防措施，即如何避免另一次事故发生或建议如何整改现有航空飞行器或运行程序。

从国际的角度来考虑，更多的是由国际民用航空组织(ICAO)干预协调。国际民用航空组织应当成为国际原子能机构(IAEA[28])进一步开发安全程序的楷模。

在核能的开发应用中，许多国际组织和各国的国家机构都在致力于相互信息交流和协调计划方面的工作，这些组织包括：

— 世界核电营运者协会(WANO)

— 核防护与安全学会(NPSI)

这些组织的名称及其地址列在本书末尾的“适用参考信息”中。

[28] ICAO和IAEA同属于独立于联合国机构的政府间国际组织(IGOs)，但为联合国机构下的成员组织。

第5章

核废物的安全管理

“我们不应透支未来,而是要创造未来。”

乔治·伯纳诺斯

我们应当怎样处置核电站产生的放射性废物?这是一个很重要的问题。寻找解决这个问题的答案已经搁置多年,在这期间,核电站产生的放射性废物都采用暂存处理方式。不过,一个首先需要强调的事实是,相对于其他行业的废物而言,核废物的数量非常少。这就意味着,在合适的条件下采取过渡性或长期性的存放是可行的[29]。

[29] 法国境内共有58座核电站,运行30多年来所产生的玻璃固化高放废物总量大约为3 000立方米(一栋小楼的体积或边长大约13米的一个立方体);看起来,相对于占有大比例的电力份额(核电占国家电力的3/4),这一少量废物的存放问题几乎微不足道。

从环境保护的观点看,放射性的最大优势在于它随时间进程而自然衰减(指数衰减定律),我们只是等待放射性自身衰减。相反,有毒化学物质,搁置很长时期也不会改变,如敌敌畏(DDT),事实上永远存在。

为了更好地理解放射性废物问题,我们应该懂得,高放水平的放射性废物常常是短寿命的,半衰期在30年以下;中低放废物的数量更大,但危害程度小。最难以处理的是那些半衰期相当长而且放射活性非常高的核废料。

低中放水平、半衰期在30年以下的短寿命放射性废物占核废物总量的90%。对这些废物的处置,采用将其体积进行压缩,并封装在水泥罐内,然后小心贮存在经特殊设计、实行严格监测的处置现场[30]。

含有高放废物的乏燃料元件,后处理前要在反应堆附近贮存数年。然后再运输到其他地方去,如在拉·艾谷后处理厂储存或处理。为解决这个备受争议的长寿命核废物管理问题,人们已经考虑过和/或试验过许多方案。在这些值得注意的设想方案中,我们提出了:通过发射火箭[31]将这些核废物送入太空或太阳系;在合适的时候将核废物送到某一个最终地点,再实行地底下贮存(美国选择的就是这种处理法),但在此之前,每座核电站的放射性乏燃料元件可临时存放在核电站现场;燃料元件经过后处理后,可回收其中大部分的物料(目前法国、英国和日本选择这种处理法)[32]或者将核废物贮存在数百米深的适宜地质

---

[30] 法国境内的拉·艾谷核废物处理场,1992年以后,奥布核废物处理场。

[31] 这种处理法的代价高昂,但从高放长寿命废物的体积相对微小这种观点来考虑,技术上应当是可行的。不过,这个想法已经被放弃,原因是如果火箭落回到地球,可能会带来大面积污染的风险。

[32] 大约97%的废物将被回收,回收的价格很昂贵,但却是一种有利于环境的特殊解决办法。最终废弃物仅占所耗燃料的3%,就是说,这是一个很小的数量,可以随后将其贮存在专门选择与电站现场配套的地底下,以确保对环境实施保护。

结构层里或盐矿里[33]。最后这两种设想(即经过后处理后回收其中97%的物料,再将余下部分深埋地底处理)可以结合起来应用,看起来这也是将来最可行的方案。

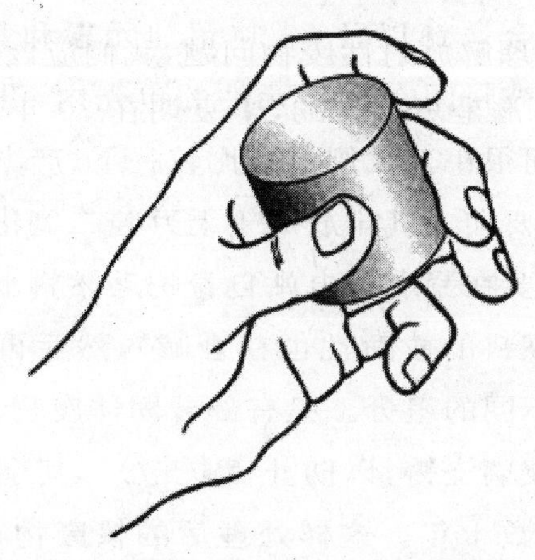

核燃料可以生产出足以满足一个典型家庭所有现代化电器设施(供热、煮饭和其他家用电器)所需的全部电能。这个圆柱体就是经陶瓷化处理后可以大量长期留存的高剂量放射性核废物,大约30年来所形成的这种核废物,都可以处理成这样的圆柱体。核废物是不允许被排放到环境中去的,必须认真将其封存处理。这些核废物如果被深埋在地底里,那么它对人类乃至环境都无任何危害。

生产与核电等量的电能,得有多少千吨二氧化碳、一氧化碳、二氧化硫、灰粉和氧化氮不得不被排放到环境中。

一座100万千瓦级的核电站,每年产生大约20吨可部分回收的铀、750千克裂变产物(特别是锶和铯,其中一小部分可以

[33] 盐矿应具多项优势:地质稳定、干燥,而且盐粒的塑性导致了一种称作“蠕变”(可即刻填满最小裂缝)的现象;还可设想用其他的方式,如防渗花岗岩或黏土。

回收,供医疗和工业辐射试验室使用)、260 千克钚(可用于制造铀—钚混合氧化物燃料(MOX)或贮存起来作为将来快中子反应堆的燃料)以及 21 千克中子辐照产物超铀元素,包括镎、镅和锔。总之,法国每年产出大约1 000吨辐照后的乏燃料,其中 960 吨金属铀、10 吨金属钚以及 30 吨超铀元素和其他各类废物。这些核废物完全被封闭在燃料元件的包壳内,没有被排放到环境中,占据的空间很小。我们可以比较一下,产出同等电能的矿物燃料电站可能要向大气排放成千上万吨二氧化碳等废物。

乏燃料首先要在紧靠核电站自身的乏燃料水池里贮存上好几年(这期间乏燃料的放射性也在衰减),然后再运送到后处理厂,将其分解成不同的组分。只有部分固体废物、高放废物实际被玻璃固化(用玻璃浇铸,以防止其扩散)。其余废物被简单贮存在水泥罐里达数十年。这样处理后的核废物,放射性将大大衰减,最终成为无害的废物。

2000 年,法国玻璃固化的核废物总量大约是3 000立方米,相当于 3 个 10 立方米容积的一座小楼或一座奥林匹克游泳池。

目前,有多种处理放射性核废物的方式:一种只是贮存,完全不进行处置,等待并观察以后可能有什么办法时再进行处置,也可能对其进行后处理,或者永久性埋藏,这是美国人选择的处理方式。法国和日本已决定实施另外一种方式:即,通过化学法分离核废物中的贫铀、钚和其他元素,然后再进行后处理,回收贫铀总量达到 97%,可以将这些贫铀运送到一家浓缩厂(欧洲气体扩散公司 Eurodif),铀-235 被重新浓缩后,再用于压水反应堆。当然也可以先贮存起来,等以后用于快中子反应堆。剩下是金属钚、超铀元素和各类裂变产物,仅占初始容量的 3%。虽然它们的量很小,但其放射性剂量却很高。除了贮存起来外,至今还没有找到其他更好的解决办法。将来,金属钚可能被回收,其余元素也可以用至今还不具备的某些技术进行后处理。

多年来，金属钚主要来自于石墨慢化反应堆，并越来越多地用于核武器。我们还只是刚刚开始认识到，用钚制造核武器是多么的荒唐和无用。既然主要核大国都在削减各自的核军备，那么我们必定可以找到金属钚的其他用途。

钚可以与铀混合，制造成铀—钚混合氧化物(MOX)燃料元件，用于压水反应堆（PWRs)，或者快中子反应堆(FNRs)，如超凤凰堆。当设计已经完善并且可以建起一定数量的这类堆型时，金属钚还可以留待以后再回收，以作为这种堆型的燃料。快中子反应堆最初被设计成钚的产出量大于其消耗量(亦称为增殖堆）。幸好快中子反应堆可以慢化消耗掉钚，而不是产出钚。快中子反应堆在开始运行时需要大量的钚，添加极少量的铀，但所需的天然铀却比一座常规的反应堆少 1/50。可以认为，快中子反应堆是一种消耗钚的生态性长期解决方案，将会在 21 世纪内取代压水堆。那时，金属钚的库存量将会有所增加。如果采用快中子反应堆，按目前的消耗率计算，估计金属铀的贮量足以向我们提供5 000多年的核能[34]。

在未来 30 年的时间里，快中子反应堆将是替换现行反应堆的一种优选堆型。如果金属钚还没有作为铀—钚混合氧化物的燃料消耗掉，快中子反应堆将会延长金属铀贮量的使用时间，但此前应当消耗掉所产出的剩余金属钚。当然快中子反应堆的优势并不在于短期效益，因此，我们既没有在核废物的后处理，也没有在快中子反应堆的研发上，形成一致的意见。美国现时宁愿贮存乏燃料也不对其进行后处理[35]；目前时期的这一处理方

---

[34] 以目前的消耗率计算，预计可开采的原油储量（1 350亿吨石油当量 TOE）将在 44 年内枯竭，天然气(1 270亿 TOE)和煤(8 770亿 TOE)将分别在 77 年和 400 年内消耗殆尽。

[35] 在大多数国家，乏燃料被贮存在核电站的附近，从而限制了核放射性物料的运输需求，降低成本，方便监管。

式,虽然是权宜之计,但的确是更经济的解决办法。从环保角度看,尽管后处理更可取,但花费相当大[36]。在决定是否研发快中子反应堆的问题上,我们还没有压力;我们还有时间,在未来30年或50年的时间里,我们将会继续完善反应堆型样机设计或者找到其他更有效的解决办法。

虽然继续研究快中子反应堆很重要,这种快中子堆也可能会替代现行所采用的压水堆型,但是,对核安全和核扩散(金属钚转换制造原子弹)的问题仍需作出相应的答复。

核废物的大量放射性主要来自于短寿命的放射性同位素。因此,当乏燃料元件被卸出反应堆堆芯并被运送到存放处贮存数年之后,它的放射性剂量将降低到最初放射剂量值的很小的一个百分率值。长寿命废物的放射性活度不高,如果将其简单贮存于配置有专门防护设施的地方,则不会有什么问题。经后处理之后,可以将剩下的核废物如超铀元素进行玻璃固化处理,然后贮存在封闭的容器内,以防止其扩散到环境中,因为,这些核废物既有化学毒性也存在着初始的高放射性。对于需要处置和贮存量相对较少的核废物来说,这确实是一种切合实际的解决办法。

数百米深的地下贮存设施特别适宜于这类核废物的埋藏。因为,深层地质岩层不含任何生物,所以没有什么放射性影响问题。α,β以及γ辐射都被数十米深的土壤层所阻挡。高放废物通常被玻璃固化成固态形式,因此比液态或粉状的核废物更容易监测。放置玻璃固化处理后的核废物,只要求埋藏现场的地质结构稳定,有相适宜的场地,以确保核废物在其寿期内被封闭保存。从核废物的数量相对较少这个观点看,每一座核电站都

---

[36] 鉴于目前不知道后处理的成本,未来贮存的真正价格实际上并不清楚。虽然后处理费用昂贵,但却更有利于环境,因为97%的材料可以回收。

各自设置一处核废物贮存场，实在是没有必要。然而，现在各个国家都在自己负责处理本国的核废物。这样看来，只要设置一座国家级的贮存处置场就已经完全足够。实际上，一座具有规模配置的单独核废物处理场完全可以满足整个欧洲的贮存需求，就如屿嘎山核废物处理场能够满足美国长期贮藏高放活性、长寿命核废物的需要一样。目前有数座核废物地下处置试验场正在安装过程中，其中著名的是德国的盐矿和瑞典的花岗岩岩石场[37]。

决定是否开发放射性废物的地下处置技术、选择处置的场地和方法，并不是件紧急的事儿，因为核废物的数量还较少，对这么一点核废物来说，核电站自己也能轻而易举地再存放一二十年，或者在采取长期的处置决定前暂时短期存放在地表现场。

但可以说，我们这一代人如果不建起一种与安全相适应的长期贮藏库，那是不负责任的。这个问题现在就必须提到议事日程上来，现在就开始重视，不要留待我们的子孙后代去解决。

值得一提的是，相比于矿物废物，我们更多地在讨论核废物。矿物废物在质量和体积上更大，化学毒害对环境的危害更严重。另外一个主要区别还在于：对核工业产生的废物和残留物（特别是乏燃料），我们进行封闭处置，没有将其排放到大气环境中。而对从汽车排气管和燃气、燃油以及燃煤电站排放管线所释放出来的废气，我们却不可以说同样的话。要清楚怎样才能从大气中回收这些释放出来的废气并将其安全贮存起来，可

[37] 法国选择了两座核废物处置场，目前正在对将来长期贮藏的设施配置条件和安全问题进行研究。这些研究工作将持续10年之久。目前情况下，只是对一二十年核电站运行所产生的高放核废物首先进行玻璃固化处理，然后将其贮存在拉·艾谷核废物处理场的一间单独库房内，等待选择一处合适的地下存放库再进行贮存。这是一个可行的办法，因为这些玻璃固化处理后的核废物占据的空间体积非常小。

不是件容易的事儿。首要的问题是，我们几乎不可能将已扩散到环境中的任何物质收集起来，而且即使收集起来了，需要处理和贮存的量也非常巨大——每年有数亿吨。责成化工行业、石油业和煤炭业像核工业那样采取措施，限制本行业所产生的废物，这等于禁止使用煤和石油。

不得将危险品轻率而不可逆转地扩散到环境中，就像前苏联人以及直到最近为止俄罗斯人所做的那样，将数千吨有毒液体化学物质、液态和固体放射性废物抛弃进西伯利亚，甚至将整艘核潜艇的反应器废弃进波罗的海以及巴仑支海。

然而，还不仅仅是这些。就在一二十年前美国以及一些欧洲国家甚至也把某些核废物抛进了大海。20 世纪 60 年代，多数西方国家都停止了向大海排泄放射性物质。向大海排泄放射性物质的这种做法是不负责任的，应当受到谴责，这样的事永远都不允许再发生。国际原子能机构(IAEA)的一个重要使命，就是发展原子能科学研究和海洋环境中的放射性控制管理，防止任何这种不顾后果的行为再次发生。

近年来有这样的建议，即可以将低放废物(如核电站退役拆卸所形成的含有轻微放射性的钢制零部件)作为废金属进行回收。可以将这些废金属与新的无污染钢混合熔炼，使其放射性得到很大程度的稀释，从而所制造出来的钢的放射性不会超过允许的剂量水平，或者低于大自然中的常规水平。核电站退役所拆卸下来的钢，放射性非常低，可以经稀释后回收，制成钢轨、水泥钢筋棒或汽车车厢用钢。钢件中的 α，β 放射性不会造成什么伤害，因为这些射线的辐射在进入钢材之前就已被吸收掉了。另一方面，γ 射线具有穿透力，很容易穿透几毫米厚的金属物，因而必须避免这种辐射所形成的任何可能的危害。只有当 γ 放射性的允许剂量水平不超过大自然的辐射剂量水平时，这种回收才可接受，这就是说，估计剂量限值为500贝可/千克[38]。驾驶员驾驶用这种钢制造的汽车时，实际所受到的辐射剂量与环境中宇宙辐射、土壤中金属铀和金属钍的衰减以及驾驶员自身体内的天然放射性剂量水平大致相当。

允许在这种“豁免阈值”条件下回收具有轻微放射性的废钢铁，可能需要特殊批准，对这样一个颇具争议的问题，目前还没有形成相关的法律法规。人们被家用电器不久可能采用具有“放射性”的钢材来制造的这种观念所困扰。但是我们必须意识到这样一个事实，大自然中一切东西皆具放射性，合理的辐射剂量水平必须完全具有天然性。

钢铁和采自地底的各类矿物，在任何情况下都具有一些天然放射性。这种“豁免阈值”，在我看来倒是一个好主意。放射剂量水平的设定应当是，公众所接受到的总辐射剂量（天然辐射剂量与各种人为放射剂量的总和）应始终保持在与我们所适应的天然辐射的同一数量级并基本上处在自然界所能测出的最高剂量水平的下限。如果一台钢制四轮婴儿车的钢铁具有轻微放射性的话，那也不得超出其母亲身体所具有的放射性水平，婴儿在四轮车内接受到的辐射不得高于其在母亲怀抱内所接受到的辐射。早期有一种说法，钢件上微量的放射性剂量，即几百贝可/千克似乎是可以接受的，但最好是将其设定得更低一些。使用带有轻微放射性的再生钢，在经济上具有不可否认的优越性。我们必须随时留意，没准某一天可能会做出豁免阈值的决定并推广应用。但是，保护公众健康的问题必须总是排在经济利益的前面。

一个像法国这样的国家，选择核能而非矿物燃料，每年可以

[38] 环境中人体、植物、动物和多数生物体的天然放射性剂量值平均为100贝可/千克，但在某些区域可能很容易达到或者超过500贝可/千克，但对健康无任何负面影响。

避免向大气排放：

— 2亿8千万吨二氧化碳，这些二氧化碳将加重温室效应；

— 250万吨二氧化硫，这些二氧化硫是导致酸雨的根源；

— 70万吨氧化氮；

— 5万吨灰尘和烟雾颗粒。

另一方面，我们每年都会留下数吨放射性废物。对这些废物进行监测，重新处理（97%现在或将来可以回收），封闭处置，不得排放到环境中去，这当然总比将数万吨有毒化学物质毫无惭愧地排放到环境中去要好。理想的做法是，我们应回归到更接近于自然并且消耗较少能源的一种生存方式。我坚信，将来有一天，我们会回归到这样的一种生活方式中去。到那时，保护地球、不污染地球将真正成为我们的责任。

总之，高放核废物比我们通常想像的体积小而且危险性也小，释放的辐射具有天然性，大自然中随处可见，封存处置这些高放核废物不会引起什么难以控制的问题。特别是可以将其封存处置（不是排放），大部分被回收处理，剩余的贮存在相应隔离的地方，深埋地底，所以相对少量的废物在地底里不会对任何形式的生命体产生干扰影响。

我们必须在近几年里做出关于高放废物贮存的决定。解决核废物的贮存问题，这是我们的责任和义务，不要将没解决的问题遗留给下一代。我们还有时间来开发和完善核废物的安全贮存方法，确保这些核废物能够正确被封存处置，不会使自然界的放射性水平有显著的上升[39]。

关于选择核废物贮存现场的问题，每个国家自己负责本国

[39] 实事上，即使这些核废物无变化地被散布在整个地球的土壤里、海水中以及空气里，也不太可能使全球地表面的平均放射性剂量水平有较大提高。

的核废物处置，贮存在自己的国境内是当前的通行策略。所以，法国虽然在拉·艾谷核废物处置场为德国、比利时、日本、意大利甚至澳大利亚的核废物进行后处理，但这里不是“世界垃圾桶”。将这些国家送到法国的乏燃料元件进行后处理后，再返回到原废料国去，这看起来很合乎逻辑，可我们认为，各个国家实际上都应对自己产出的核废物负责，我们不应像化学工业界的常规做法那样，以付款的方式让贫穷国家为我们贮存这些核废物。每个国家都应为自己自始至终的选择去负责。

> 只要是核废物，不管其放射性的剂量水平高低，都必须贮存在30米以下的深层地底，辐射射线绝对不能到达地表面。因此，我们必须充分有效地确保地下岩层的长期稳定，这就非常需要发展适用的地质科学技术。

除了不安排在人口高度稠密的欧洲城市和气候潮湿、植被茂盛的农业国内贮存核废物外，另一个可能的对策就是，将放射性废物贮存在地球上居住人口较少、无植被生命、气候干燥，如戈壁沙漠或撒哈拉这样的区域。这就要求国际社会采取大量的预防措施，防止万一这些地区变成肥沃可耕作的土地时（因为这些地区过去曾经也是肥沃可耕作的土地，将来亦有可能再现过去）放射性废物的四处散落。这仅仅是一个建议：在当事国，核废物的贮存应尽可能远离城市并有备分禁区。同样的理由可能适用于国际乃至全球范围。这项建议今天政治上未必可行，但将来或许可行。这项建议可能会为需要该项目的那些地区带来工作机会和金钱，同时也给他们带来许多麻烦。因此我们必须小心谨慎，不要打算将这些国家当成垃圾倾卸场，而必须作为就像在我们自己的后院安全贮存一样看待，要采取相应的预防措施。任何情况下，至少必须将部分废物贮存在发达国家，以证明其贮存技术有效并且无害。每个国家，可能除了必须贮存自己的核废物外，还必须做到“不让别人在你的园子里做的事也不要在你邻居的园子里折腾”，这就是我们行为准则的底线。看起来，最有可能实现的事情是每个国家或每块次大陆至少在近一二十年内继续贮存和监测各自的核废物。

在我的观点看来，相对于现在大量应用于工业和农业的有毒化学品来说，我们对放射性废物的担心太言过其实。放射性废物比化学废物（如：敌敌畏）具有更大的生态优势：

（1）放射性废物被封存处理，而化学废物却散布在环境里；

（2）核废物的放射性随时间进程自然衰减，而稳定的有毒化学物质则无期限地永久保持有毒致害的特性；

（3）每年工农业生产排放到环境中的有毒化学物质的数量是放射性废物数量的数千倍之多。放射性废物被贮存并接受监测管理。

第6章 核电反应堆不是原子弹

“精明人渴望自然财富。”

塞尼卡

20世纪初，经过某种夸张程度的兴核战略欣快之后[40]，广岛和长崎的灾难在我们共同的记忆中深埋下了原子与死亡和灾变同日而语的理念。从天而降的大火仅在转眼工夫就将大约 100 km^2 面积的整座城市彻底摧毁，那真是一件值得担心并引以为鉴的事情！一方面我们必须清楚地明辨民用核电和核医疗应用；另一方面，也要区分核材料的军事

[40] 放射性和X光透视的医用热情在当时是如此之高，以至于内科医生和放射性材料的管理人员对辐射防护的最基本注意事项都没有予以充分考虑，完全不像今天的情形，放射性受欢迎的程度皆得益于当时的积极印象。少量的放射性无疑是有益的而且也是很自然的，但过大剂量的放射性可能超出允许值！这是一个需要考虑的适度问题。

应用。

广岛灾难之前，放射医疗的应用是惟一为公众所知晓的应用形式（X 光透视、饮用矿泉水或矿泉水洗浴，均得益于其放射效果而广受人们的欢迎）。似乎放射性对人体没有任何威胁，甚至还引起了人们的注意和十足的好奇心。出于竞争的需要，各地温泉疗养院总是声称他们提供的温泉水最具有放射性。两颗原子弹在日本爆炸，随即在人们的心灵上形成了对原子的惧怕。众所周知，原子的医学应用既没有引起环保学者们的争辩，也没有受到公众观点的反驳，但却成了人们形成日益强烈预防措施的目标[41]。

相反，在 20 世纪 60 年代核电站出现并发出电能时，却立即招致了部分公众的强烈反对，这些公众的心理曾经受到过广岛和长崎事件的伤害。

> 民用核能发电站永远不会像原子弹那样发生爆炸，无论从科学上讲还是技术上讲，那都是不可能的。

即使操控核电站运行的工作人员想要核电站像原子弹那样爆炸，他们也可能做不到，因为不存在真实核爆炸的物理条件，民用反应堆内也不可能产生这种条件。威力巨大、形成蘑菇云的原子爆炸，所要求的必要条件即使在专门为爆炸目的而直接设计的装置里也很难实现，因为这些条件不可能同时出现。一座核电站可能发生的最坏的事件就是反应堆堆芯融化，就像切尔诺贝利核事故一样，使放射性物质释放到环境中。这类事件一方面不大可能在规范建造和运行的现代化核电站里发

[41] 广岛和长崎的原子弹爆炸，其中一个积极的结果（表明这一悲剧事件并不仅仅是负面结果）就是 20 世纪下半叶，越来越多的公众对电离辐射产生质疑，并对医疗机构投入极大关注，从而进一步形成了要求对受到 X 光照射或者对处理放射性材料的研究人员、医疗专业人员乃至普通民众实行保护。

生[42]；另一方面，即使发生这样的核事件，事件对环境所造成的后果也远比切尔诺贝利核事故小得多，所以，这得感谢预防事故的外壳结构设计。美国的三里岛核事故，尽管反应堆失去控制，随后堆芯的部分释热元件被熔化，最后实际上也没有任何放射性被释放到环境中[43]。

在切尔诺贝利核事故中，核反应失去控制，导致反应堆堆芯过热，冷却水在蒸汽系统爆炸中被汽化，反应堆堆芯继续产生热能，其中一部分被熔化[44]，石墨慢化剂爆发出的猛烈大火在两周后才被控制住；在整个切尔诺贝利的上空永远也没有出现像原子弹爆炸一样的蘑菇云[45]。

再说，永远也不可能再发生这样的事了，在所有民用核电站内，核燃料，即使在最坏情况下，最大可能是发热升温，直到被熔化（实质上曾经也发生过这种事），但是这种发热升温却从来不会产生原子爆炸。当发生切尔诺贝利核事故时，数秒钟内电功

---

[42] 据专家们估计，这种可能性大约为一个5级核事故可能性的1%，法国全部在役核电站机组运行20多年的时间内有可能发生这样的5级核事故（严重性远远低于切尔诺贝利核事故。切尔诺贝利核事故为最大INES规模7级，三里岛核事故为5级，日本东海村临界事故（JCO）为4级）。这个数字还是显得似是而非，因为尽管民用核电站已经运行了20多年，但迄今为止，法国境内还没有发生过这类核事故。

[43] 核电机组的安全外壳结构是一个用强化水泥制成的巨大穹顶，穹顶通常呈球形或半球形，因而从外表上很容易识别。发生核事故时，这种“混凝土帽盖”可以防止放射性物质散落到大气中。

[44] 切尔诺贝利反应堆的设计导致了一种不稳定的配置，安全控制棒插入反应堆甚至可能引起核反应瞬间加速，数秒之内出现很大的功率波动，冷却水几乎在同时变成掀翻反应堆压力外壳顶部的高压蒸汽，这实际上就是发生在切尔诺贝利的爆炸，但那不是真正的核爆炸，是一种导致反应堆失控的蒸汽爆炸，一场很难控制的（含有几百吨可燃石墨的堆芯）大火，因而大量的放射性物质被释放到了环境中。

[45] 本书第2部分将对切尔诺贝利核事故进行更全面的讨论。

率急剧增加，从而导致冷却水被汽化，换句话说，除了蒸汽系统爆炸外，没有发生核爆炸。

要制造原子弹，首先必须得将几乎纯净的具有临界质量的可裂变材料聚集在一起，密闭在一个小容积内，密闭的时间需要持续到足以使材料的裂变链式反应变成巨大的动力。原子弹爆炸时，可裂变材料被炸裂出去，链式反应被中止。这种条件在民用核电站内永远不可能形成。民用核电站可能存在少量的钚-239，当然还有铀-235燃料，但这种燃料中的铀-235富集度仅有3%，制造原子弹需要的富集度是80%。

原子弹级的金属铀(富集度达80%)不可能从民用核电站获得。事实上，民用反应堆内97%的金属铀是铀-238，这种铀-238在原子核的链式反应中不起多大作用，因为它对慢中子的轰击不产生反应(仅仅吸收中子)。乏燃料中铀-235的百分比仍然很低；尽管乏燃料含有少量的金属钚，但作为武器级使用还远远不够。

核武器使用的高浓铀-235和钚-239是在特殊工厂内制造的。建造这种工厂需要大把的金钱、很长的时间以及一套专为制造武器目的而设计的工业基础设施。民用反应堆生产出来的少量金属钚过于稀释，远不足以引起爆炸，而且，即使钚可以通过化学法与铀分离，它也不适宜于用来制造武器。

因此，与公众和某些环保学者们经常认为的相反，我们甚至连民用核电站自变成原子蘑菇云的最低风险也没见着。

事实上，民用核电站可以燃烧从拆卸核弹头中所得到的高浓铀-235和钚-239制成的燃料元件，这对核裁军来说是个重大的贡献。

武器级的钚和铀是在复杂的分离浓缩操作过程中制造出来的，制造武器级的钚和铀不是民用核能工业的组成部分，即使我们想制造，也不可能在民用核能工业设施上制造出来。

为此，我想提醒读者，我不赞成原子能的军事应用。我认为，正如大家在20世纪下半叶所看到的一样，大量囤积毁灭性武器，从本质上讲，很不利于我们地球人热爱和平、珍爱生命、人类福祉及其和谐友好的相互生存关系。我们必须继续停止核武器试验，减少世界上核武器的数量并寻求限制核战争风险的新途径。总之，在我看来，战争是最先需要限制的目标。

扔在广岛的原子弹是由几乎纯铀-235的两块物质所构成：一块物质通过一支电子枪点火燃烧，进入到另一块物质，形成一种临界质量，与此同时，特殊装置经钋—铍源[46]喷爆中子，直到临界时刻才发生变化。民用核电反应堆内不存在导致广岛爆炸的那种原料成分。

从物理上讲，一座民用反应堆不可能发生核爆炸。我们可以制造出原子弹用于爆炸，民用核电反应堆却不能。因为两个客体的运行方式不尽相同，虽然两种情况都涉及核能，都有中子存在，但其工艺过程根本不同。原子弹的设计目的是用于爆炸，为实现这一设计目标，要求具备许多相当精湛的工程技术。民用反应堆的设计目的在于通过精心控制，产生热能，即使在最坏情况下，堆芯或许产生过热，甚至可能过热到堆芯燃料或者部分反应堆堆体被熔化的程度，但绝不可能发生爆炸。明确核电站与核武器之间的不同，这点非常重要。本书所要达到的教育目的也就在于此，那些导致公众从心理上敌视核能民用的说法，完全没有科学根据。

如果爱因斯坦还能活到今天，他一定会热爱核电，反对核能用于核武器[47]。就我看来，这是一件再简单不过的常识问题。

---

[46] 放射性钋释放出α粒子，轰击铍，产生中子。

[47] 爱因斯坦说："和平不能靠武力来维护，只能通过相互理解来实现"。

核能提供电力，为我们带来显而易见的服务，无事实上的污染，具有相对事故风险少（影响后果有限）的特点，而核武器完全是野蛮的行为，具有毁灭性，确确实实预示着世界的末日。

第7章
尽我们所能管理好地球能源

“愚昧之人永不思变。”

乔治·克莱门索

能在自然界中无处不在。正如爱因斯坦所证明的($E=mc^2$)一样,能量与质量可同日而语。在我们所处的宇宙里一切皆是能。我们没有什么明显的理由惧怕能或者动力这个概念,也不应该害怕表述能的辐射或放射性,因为所有这些能都具天然性。我们已经可以驾驭某些形式的能:如以汽油为燃料的化学能,将化学能转换成电能的蓄电池或干电池等;用于光电探头和传输的光能,如硅—光生伏打电池和发光二极管、白炽灯泡和荧光灯泡;生产和回收的热能;发电厂和用电厂的电能;水电大坝的动能或势能等等。我们把火箭发射到太空,控制其运行轨道,还有近代新发现的核能,经核聚变使星球内部发热燃烧,通过核裂变参与宇宙的自然演变进化。

所有这些形式的能都具有天然性，不是人类所能创造的，人类只不过驾驭和引导了自然的力量，然后将其转化，使之有益于人类自己。所有这些不同形式的能共同参与宇宙的演变，在我们所处的星球上产生碰撞。要掌握其中的某一类能或多或少还有些困难。使用其中任何一类能的同时也就损失另外一些能，损失后的物质再被产生出来，物质不灭，自然界的事物就有点像人为之事，数量可多可少，可大可小。

我们怎样才能知道，人类可以把自然改造到什么样的程度才不致遭受恶果[48]？我想，这是一个非常微妙的问题，对这个问题解答不好，也可能给我们的未来带来严重后果，就如我在前面第 3 章所界定的一样，这要看对什么是“自然”或“非自然”所持的观点。

如果我们尊重了某些自然制约，我们就可以有理由按照我们在一定时期对生命、人类、营养、福利或其他经济的、意识形态的乃至种种原因所给定的“好”或“更好”的理念，改造我们所处的环境。但是，如果我们将自然因素进行非自然的改造，那我们就可能走得太远，可能会将自然环境改造成让地球生物和人类来适应的危险地步。这样的话，将可能会产生严重的影响或后果，甚至一些影响或后果可能会完全不可预测。

[48] 继续讨论该问题的话题即使还远没有结束，人们也可能会问及我们是否正在做一件人为干扰自然过程的错事。难道让大自然在各种情况下自行运转不是更好吗？或许那样的话，人类及其居住的地球就不会是人类和地球本身了。人类构成了整个自然界不可分割的一部分，我们的未来依赖于我们自己的行为。我们希望改造和改变世间一切事物，使一切万物适应于我们，这又是否正确？或者，这对宇宙和地球生命的整个进化是一个错误，或者还是一种值得自豪却有害的行为？我们改造自然时用什么样的标准来指导我们的行动？这些标准竟然是人类个体的幸福、全人类的安宁或者是对所有生命形式以及整个自然生态平衡的尊重或者还是一些其他标准？这些都是哲学上乃致一定程度意识形态上的问题，回答这些问题的答案并不总是显而易见的，但是却构成了我们有关核争论的基础。

我们的工业化、我们的人类文明和我们的现代生活方式的总体发展,仅仅是整个演变进化史中的一个组成部分;我们必须注意的是,这一组成部分以及我们当代的“实验”,今后可能会被其他形式的生命和今天我们可能还没有一丁点儿意识的其他生活方式所奉行。就我们的思维所及,我们必须避免对这个地球环境进行任何“重大”或不可挽回的“非自然”改造,即我们不应该耗尽天然存在于星球表层的某些有限的物质资源,也不应该制造出比可“降解”和可“回收”的天然物质更多的化学物质和人造废物。由于我们耗费的能越来越多,因此,我们更应该对星球资源的管理给予极大重视,更要关注勘探开发这些资源所带来的后果。

在决定选择驾驭一种新的能源之前,我们必须回答几个问题:我们真的需要人造能源吗? 如果我们一定需要,那需要多少,我们正好就需要这么多能源吗? 那么,只是到了最后,我们所需要的这种能源又该怎么样生产? 这些问题的逻辑顺序显而易见,然而却常常次序颠倒。

到此为止,我们主要询及第三个问题(应当怎样生产出我们所需要的这些能?),我们忽视了前面两个问题,然而,问题的答案却并不清楚。

我确信有那么一天,当那个时候到来时,我们会再次询问我们自己一些最基本的问题:“我们需要人工的或者工业化的能源吗?”“而且需要多少?”本书全部章节主要是回答第三个问题:什么是最佳的能源? 虽然是基本的问题,在我们这个社会还真没有被提出来。在我们目前这个时代,很少有人从容面对这个问题(我们舒适的现代化生活习惯不太容易责难我们自己的行为)。现在应当确定我们应该还是不应该四处投入有形的赌注,是否只为我们自己当前的利益而开发所有的世界资源。在平稳步入不过度损害我们所谓“舒适生活”的第二个问题时,我们应当至少问问自己,我们是否可以需要多少能源就消耗掉多少能源。限制工业有害后果的最好方法，无论是核工业、化学工业还是其他形式的工业，无非是少消耗一点能源而已，这仍然是再清楚不过的道理：

> 对多数反对核能的环保学者们来说，他们的行为没有道理。他们一边驾着大功率的小车、给自家超量供热、用电慷慨大方（而且主要电能由核电站提供），一边吸着香烟，从超市购买非天然食品。而且在很多情况下，他们比别人更不太注意自己的生活方式和膳食营养（这无疑比核能对他们的身体健康更有害）。真正的环保主义者应该是平淡日常生活，从每一位的他或她自己做起。

我们可以从两个层次着手节能。首先，我们可以限制用能的量（减少我们家庭的供热、出行乘公交车而不驾私车或者骑自行车等等）。每一种方法都能直接减少能源的消耗。当然硬行要求大家做这些选择可能有困难，否则只有提高用能的价格，但这种方式只能对某些个人起着相对较强的促进作用。另外一种方法可以优化当前的这种用能方式，那就是为用户提供同样的服务，同时耗能更少。例如，建造密封性更好一些的房屋、制造耗电少的冰箱和节电灯泡[49]。第二种方法的优点在于它适合于我们大家，没有一人可以例外。

最简便的方法可能就是最能减少能耗的方法。密封性好的房屋可以使我们节省 10％至 50％的能耗。其他可行的方法还包括：减少我们家庭的供热[50]、减少我们食物的烹调[51]、消费新产

---

[49] 例如，康姆研究所设计了一种机械式干衣机。该机干燥清洗物的方式与常规的干燥方式相同，虽然还不算太好，但耗能却只有常规干衣机耗能的几分之一。

[50] 区区几个摄氏度的能耗就可以代表能耗大约增加或减少一个 20％ 。法国的经验是，加热/减少 1 摄氏度可能耗费/节约成本 7％。

[51] 100％生食主义被认为是节能的最佳方式，我本人采取这样的生活方式至少已经 15 年。

出、食用质量好并且富含维生素的食物。这样不仅更有利于环境，而且也更有利于我们的身体健康；我们的家庭照明可以用高效荧光灯而不用常规白炽灯泡；洗浴时用水温度低一些，时间短一点（那样使你更有精神）；白天工作，夜晚睡觉，不要反过来白天睡觉，夜晚工作；出行（特别是长途旅行）乘公交车而不驾私车；尤其是近距离出行，选择骑自行车而不是自驾小车。这样的生活态度和生活习惯的改变可以轻而易举地使一个国家的能耗削减 1/3 或 1/4，而同时使该国的国民身体更健康。

让我们千万不要忘记，限制工业和与能源相关的污染，最好、最简单而且也是最有效的措施就是减少消费。

太阳是地球生命得以进化的最基本的能。这种能被认为是一种“柔性”形式的能。为了驾驭太阳能，人们已经做了大量的研究工作。我们研制出了太阳热能聚集器。这种太阳聚能器利用水在阳光照射下的管道中循环这一原理，使光能转换成热能；太阳能电池，利用高技术材料——硅片光生伏打电池，使光能转换成电能。这些装置在一定环境下非常实用，并具有非常好的效果。例如，在阳光充足的地区使用太阳热能聚集器提供家用热水，甚至用于游泳池供水；用于沙漠地区驱动水泵或为远离任何常规电源地区的信号装置和无线电话供电；安装在海洋浮标上的光电载波器就是使用硅太阳能电池供电的。唉，尽管我们已将数百万美元耗费在能源的研究开发和数千座实验装置上，但太阳能还是没有成为成本低廉、方便适用的商业化能源。即使在这项研究工作上再投入数十亿美元，但仅凭目前的知识水平和技术能力，太阳能发电[52]的经济性永远也不能

[52] 太阳光生伏打能，实际上，有时对满足我们一部分家庭用能所需还是具有一定的优势：如住宅供热、水井泵水等等。因此，这一市场定位适当的家用太阳能或许在今后几年内会成长起来。另一方面，将太阳能转换成进入国家供电网（甚至中型电网）的电能可能永远也不会有竞争力，因为太阳能每千瓦小时发电成本高出核电很多，而且也不可能有效降低。

与核电抗争。主要的问题在于，当太阳光照射到地球时，光能呈广泛散落状，确实太“柔和”、太稀薄以至于不易采集利用。这就说明为什么太阳能目前还仅仅局限于一些非常特殊的应用领域。在这些领域内，有一些具体条件的局限：如四季阳光充足，但远离供电网或特殊的低功率用电领域（袖珍式小型计算器和帆船用小型无线电收发机），太阳能显得更具有优越性。

如果太阳聚能器[53]可提供与我们从一座装有4台1 300 MW机组的核电站所获得的同样多电能的话，我们可能不得不铺设相当于法国全部海滩面积宽的硅太阳能电池，也就是一条长1 000多千米、宽100米的地面长廊，而核电站占地的面积却只相当于一个大型足球场大小。

安装这样一种占地巨大的太阳能电池，对乡村来说将是一种生态性的灾难，而且硅电池及其支架的生产也是一种化学污染源。太阳能电池的有效工作寿命有限，它必须在工作若干年后予以更换，所以成本太高。硅工业像其他所有行业一样，是一种污染性行业。人们可以想像一下这类占地庞大的太阳聚能器以及制造这些太阳聚能器的工厂对环境所造成的影响。因此，太阳能，虽然在某些特殊情况下具有充分的优势和竞争力，但正如现今它所处的位置一样，始终是工业化国家电力中仅作为一种或多或少的储备性能源。

太阳能的主要优点之一就是可以非常均匀地分布在世界上所有阳光充足的地方，换句话说，它是一种散射性的能，如果对其更进一步地开发应用的话，它将会使人们的使用更具有自主性，更能独立于各种政治体制及其经济的沉浮。将来个人使用的家用太阳能的份额会有显著上升，太阳能将承担部分家庭用能所

[53] 例如，一块太阳能电池每天12小时可从每平方地表面积上吸收100瓦的光能。

需，如供暖、供热水，这是可能的，也是人们所希望的应用方向。

一条看起来值得鼓励的太阳能应用途径，即“太阳能瓦”，覆盖有特殊硅基材料的一种普通房顶瓦。两根很细的导电丝串联在两片太阳能瓦上，可以将每片瓦上的少量电流聚集起来，这样的电流布满整个房顶，不可小视。采用这种聚能方式，房顶的聚能就可以用来发电，而且没有污染，比起我们现在的这种房顶来，再也不会形成对乡村环境的污染和破坏。然而，对于能的热应用（房屋供暖和供热水），在阳光照射下的管道中水循环这种老式体系或许仍然比这些“太阳能瓦”更优越，太阳能瓦聚能这种方式的聚能效率仅为30%，永远也达不到100%。另一方面，太阳能瓦白天产生的电可用于为各种低功率电器所需的储能电池[54]蓄电，如电冰箱、制冰机、家用计算机、电视机、收音机和低功率电灯。

风动力在于回收风能，特殊优化设计的风车，以回收风能为目的，产出风能。风能可使风车的螺旋桨旋转，因而使水从井中泵出或驱动直流发电机发电。目前风动力的成本大约是太阳能的三分之一，但制约更广泛开发应用风能的因素似乎与太阳能相似：风能散落在空间，时间无规律，离不开反复无常的气候变化。每安装千瓦小时风车的成本大约是核电的两倍，一般情况下，风车的运行效率大约是其安装能力的25%左右。

此外，大规模地进行这种基础建设将占据很大的空间，相应对环境产生影响，还有建造费用很高。生产数百万千瓦功率的风力电站（或者说，相比核电站而言）将使我们不得不用讨厌而又噪声不断的机器铺满整个一大片土地（或海岸），指望着变化无常的天气，发出时多时少的电来，同时又耗费大量的建筑材料。

---

[54] 条件是要蓄电池技术取得进步，因为目前使用的铅一酸、镍铬和其他金属电池费用昂贵，对环境有污染，而且只能承受有限次数的充/放电。

总体说来，风能和太阳能从理论上讲很有意义，但至今它们仍然只是在特定的有限范围内使用。对于一个工业化国家的整体供能来说，风能和太阳能的贡献可能微不足道。要满足欧洲的电力需求，我们不得不在一个大约等于比利时整个国土大小的表面积上铺满太阳能电池！太阳与风的变化不定性意味着不可能保证生产出恒定不变的电能。除停堆换料和维修期间外，核电站提供的电能恒定不变。核电站每年停堆换料和维修的时间仅有几天[55]。此外，核电站也可能会因用电需求的减少而调节停堆。

核电生产具有集中的特性，电能向全国甚至国际输送。太阳能和风能具有典型的分散性、无规律和就地消耗的特点。核电站与这样的代用能并不形成竞争，而是一种完善和补充。从环境经济以及满足全国最大部分的用电需求这两方面来看，核能是最好的一种能源。我们可以视各自所处的环境特点（阳光、风力、水电站等），鼓励发展太阳能的分散性生产装置或其他清洁能源的生产体系。

我们当代消费社会具有巨大的能源需求，过多鼓励消费者使用更多能源，具有不太考虑自备微型装机的倾向。或许将来风能和太阳能会在农村地区和贫穷国家发展起来，原因是这些地区的生活方式更接近自然、居住更分散、生活更简朴，很少贪求能源，极少依赖经济、工业和政治体制，这可能意味着可更新的能源，如太阳能电池、风能和水电，将在这些地区的能源需求增长中占有一席之地。同时在这期间，核能将继续为我们城市和工业所需提供大部分电能。

---

[55] 压水堆核电站或沸水堆核电站差不多每年要停堆换料和维修一次。停堆后，反应堆外壳被打开，1/3 的燃料组件被更换。每支燃料棒都在反应堆内驻留运行 3 年，然后在乏燃料池里存放好几年，以便燃料棒在被运往后处理厂进行回收前使其放射性能够衰减。

我完全支持利用太阳能提供热水，尤其是供夏季和旺季的家庭使用。太阳聚能器结构非常简单，阳光照射管道，加热管内的循环水，数十年来一直为家庭提供稳定的热水，减少了阳光充足地区的家用能耗，通常这也是对其他目的所需集中供电的补充。

从事各种替代能源的研究和开发，特别是在相应区域：如阳光充足的地区、世界上最贫穷的国家以及远离电网的区域，都是必不可少的。

我们本可以使鼓励节能和管理好地球能源的工作做得更好些。但真正的问题并不在于我们应该消费核能、太阳能或者原生矿物能？在某些非常特殊的情况下，太阳能具有一定的优势。对于全国性大规模的生产来说，核能的确是最佳的选择方案。然而在这些能源中没有一种能源可能十全十美，因为从定义上讲，工业就意味着人类对事物的自然次序进行干预。不污染的唯一方式就是根本不要耗能，所以耗能越低，污染越少。

无论我们的信念或者现实的需求如何，我们必须不要让我们的活动对地球造成大范围的或无法弥补的损害。安全可靠的能源管理，从国家和个体两者的角度来说，都必不可少。我们需要制定出一个对节能给以鼓励的强有力的政策（如利用征税措施，这已经在法国和许多其他国家实施）。工业行业可以通过对生产方式实施更好的管理而实现节能，个人也可以通过减少耗能和更明智地用能，这样的共同参与努力而做出贡献。

核废物和工业废物的总量
(每年每人)

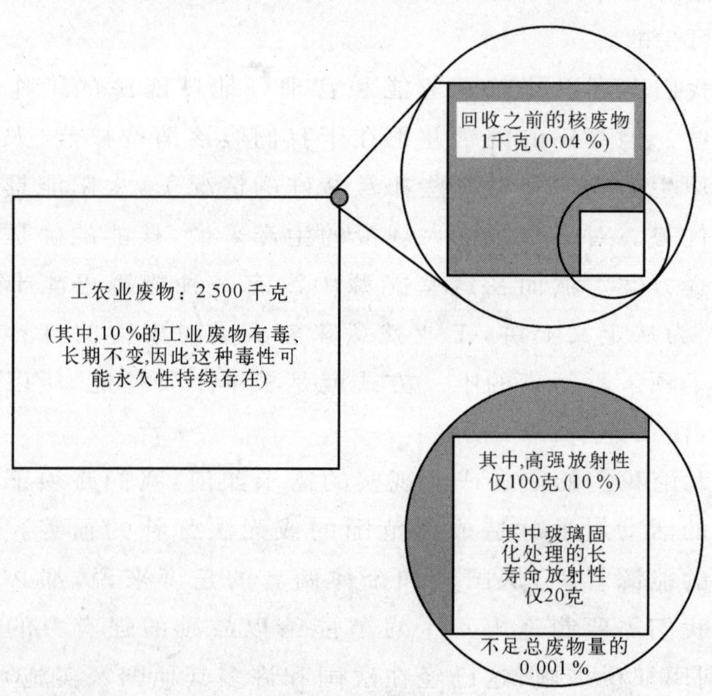

资料来源：*法国工业与国土开发部*

第8章

核能的经济与战略优势

“维持智慧所需的知识量非常少并且很简单。”

露易斯·拉维尔

核电站所消耗的燃料每年仅为几吨铀，而燃油电站的燃油消耗量每年达到数百万吨。这就很容易使一个国家建立起足以使自己免受数十年经济、军事或其他各种封锁的铀燃料储备；燃油电站仅三个月的燃油供给储备就已经是一个非常庞大的数字，所以，核能可以保证电力供给的连续性，我们所看到的那种原油生产国和原油消费国之间的“能源敲诈”也将因核能的优势而不复存在。铀矿资源在全球的分布比石油储量更为均衡。石油储量主要集中在少数几个特别的地区。在很长一段的整个时期内，原材料价格的稳定性有保证，所有国家都发现自己在铀矿储藏方面大体处于平等的地位。

有了核电,大多数国家都能实现能源自给。这一战略动机在 1973 年第一次石油危机时有力地推动了欧洲核电工业的发展。不仅“石油之战”和霍尔木兹海峡原油禁运使欧洲和西方失去能源,而且可怕的是禁运导致了苏(联)美(国)之间的冲突,这种冲突最终可能恶化为第三次世界大战。自 20 世纪 70 年代起,许多国家对原油的依赖性已经减少,这得归功于核能的发展,“能源战争”由此被暂时搁浅 。但是,如果我们拒绝将更多的关注转向核能,那么所谓的“能源和平”或是“能源休战”还会能持续多久呢?

当时的美国和苏联并没有像欧洲那样,将重点放在发展核电上。欧洲的天然原油储量很少[56],但欧洲发现自己在核能方面已处于领先地位。在欧洲国家,英国和北欧拥有北海和波罗的海的油田和气田,德国和比利时在自己的领土上拥有煤矿。法国,由于集中了多种不利的环境因素,对这种先天的环境毫无办法,只好把自己创建成“世界核能之冠”[57]。国家中央电力发电局主席马歇尔阁下[58]曾简要概括了核能对法国的重要性。他说:“法国没有原油,没有煤矿,因而没有选择”。日本的情况也与此相同。发展核能的最初动机并不是出于社会生态学考虑,而是出于政治上和战略上的考虑。然而,对核能的这一选择随后转变成为从经济上考虑的最佳选择,最终成为从环保的角度来考虑。

在大多数生产核电的国家,通过核能这种方式所获得的电

[56] 美国和苏联的核动机主要是军事目的。这两个国家都有着丰富的石油、天然气和煤矿储量,完全能够确保他们两国的能源自给。

[57] 同时也是因为:二战后戴高乐将军为了保证国家的军事独立,大力组织发展法国的军用核材料研究和建造工业生产设施。

[58] 戈林·马歇尔阁下,当时的国家中央电力发电局主席。

能比通过燃煤、燃油或燃气获得的电能更便宜。此外，相比于1973，1987和2000年能源危机中石油、天然气变化异常的价格，核能的价格尤其稳定。对一个国家和整个世界的经济来说，在经济困难时期，核能代表着一种转机，它是国家经济稳定和发展的因素，也有利于社会其他所有领域的发展，特别是在公众健康领域和抗衡失业方面更是如此。核能的发展使我们每一个人都可以在一个更公正、更繁荣、更能履行义务的社会中找到适合自己的位置。

仅法国本身而言，核工业直接雇佣了大约100 000名工人，如果再计算分包方和间接雇佣的人员，那么从事核工业工作的人数接近这个数字的两倍。当然这并不是核工业自身可以存在的一个正当理由[59]。一个更合理的因素在于核工业是一个可信赖的行业。同时，核能可以利用，因而适宜于社会大众；核电尊重环境，因而对环境更友好。

下表列出了1千瓦小时核电成本与1千瓦小时燃煤电站电能成本之比（比值小于1，说明核电比煤电便宜）：

表1　1千瓦小时核电成本与1千瓦小时燃煤电能成本的比较

比利时	0.91（核电比煤电便宜9%）
加拿大	0.88
芬兰	0.86
法国	0.65（核电比煤电便宜35%）
德国（国产煤）	0.66（核电比国产煤电便宜34%）

[59] 相似的争论有时是如此的超前和错误，只是为了给香烟和武器贸易一个经济和社会的正当理由。

续表

德国(进口煤)	0.79(核电比进口煤电便宜21%)
印度	0.86
日本	0.85
中国	0.86
俄国	0.78
韩国	0.75
英国	0.91
美国(中西部)	0.96
美国(东北部)	0.85
美国(西部)	1.19

每1千瓦小时核能发电成本包括发电(电站运行)、投资(电站建设),可能发生的核事故保险以及核废料储存和最终拆除电站的财政保障。与所有发达国家一样,法国也为第三方投保核电站事故损失险。此外,电站建设成本的15%将被放置在一边,用以支付未来电站退役和拆除的费用[60]。

通过分析,我们可以看出,核电比煤电更便宜。在某些国家,核电成本比煤电成本低1/3。在燃气电站与核电站的比较中,我们也得出了相似的结论。根据各国的情况不同,核电可能

[60] 资料来源:1992年经合组织报道,基于每年5%的货币扩张率和随着煤价的上升,核电站的效率也有所提高。核反应堆的使用寿命年限也从30年延长到了40,50甚至60年,今天的这些数字甚至更有利于核能。在美国、欧洲以及世界上其他国家,即使考虑未来拆除核电装置和核废料回收,不考虑燃煤产生的大量二氧化碳排放物这些环境成本,今天的核能仍然比燃煤便宜。

比天然气发电便宜40%。此外，相同成本条件下，其他标准也可以一并考虑。例如：对环境的影响（非常有利于核电）、供能的安全性和燃料储备的可行性（有利于核能）和国际市场上的价格波动（也有利于核能，相比于成本非常不稳定的矿物燃料，铀的价格更是相对稳定）。

预计全球易再生的原油储备将在50年内耗尽，煤和铀的储备也会在几个世纪后枯竭。然而，铀的储备可以通过建造快中子反应堆（该技术已经问世），实现约50或100倍的增加。每一种能都有其特殊的优越性：核电站不像燃煤电站，对大气的污染非常小。燃煤或燃油电站能够在运行后几小时内满足激增的电力需求，但核电站机组在完全停堆后重新启动需要更长的时间[61]。毋庸置疑，最省钱、最环保、最灵活的能源当属水电。所以我认为最好的能源策略（这是法国所做出的选择）如下：

1）最大限度地满足能量守恒。

2）能够在合理经济条件下为水力发电站现场安装发电设备，大多数工业化国家已经完成了这样的工作。水电能够满足全法国电能消耗的15%，加拿大为50%。然而，拦水大坝并不总是对环境无影响。加拿大的新筑拦水大坝工程受到了印第安人和环保人士的批评，因为拦水大坝所形成的人工湖淹没了整个山谷。

3）安全、经济、相对紧凑和清洁的核电站为基本负荷电能消耗提供了最大份额的支撑。现在这些核电站安装的是压水反应堆；未来我们将看到新一代反应堆（快中子反应堆、高温气冷反应堆等等）；今后，我们还可以看到热核聚变堆）。

4）燃油、燃气或燃煤的热电站只为补足用电需求高峰时的

---

[61] 一旦启动运行，核电机组就能够调节所产生的电能，以满足用电需要。法国的电站都装备了这种自动化“负荷跟踪”系统。

电量差额，因为这时，核电站和水电站机组发出的电力不够用。偶尔使用这种污染更严重的能源可避免仅仅为满足暂时高峰需求而建造核电站[62]。

5）继续研究开发尊重环境的高性能新能源——太阳能，风能，新一代核裂变反应堆，核聚变及其他形式的能。

6）鼓励节能措施，用目标准确的税收激励机制来鼓励国内或区域性的能源生产。例如，允许人们减少部分投资的缴税，以便人们为自己的家庭购置太阳能热水器等设备[63]。

以这样的方式了解核能并在最安全的条件下开发应用后，核能将成为一种有着许多优势的资源，不仅仅是在经济和战略上，同时也在环境保护方面。

---

[62] 只有当核电机组每年至少满功率运行 4 个月时，建造一台核电机组才会比建造一座矿物燃料电站更经济、更具有优势。

[63] 现阶段情况下，为建造成本高出核能 10 倍的太阳能生产（采用硅太阳能电池）提供资助未免荒唐，那样做是对公众资金的浪费。

第9章

与环境相关的其他实际问题：

饥饿、营养不良、战争、第三世界国家的政治动乱、吸毒、酗酒、烟瘾、热带森林毁坏、环境化学污染、城市废弃物、人口过剩……

"面对明白无误的事，
人类却如强光照耀下的蝙蝠，
什么也看不见。"

亚里士多德

多年来核电一直处于环境论坛的中心。

直至今天，许多环保学者们仍然对核电抱有强烈的敌视态度，在我看来，他们是错误的。

环保组织与和平主义运动组织自创立以来就始终相互纠集在一起，通过共同反对各项核事业而推行自己反核能军用、反核能体系、反核能建设和反核弹的活动。核电就像其他新事物的出现一样，让他们难以接受：恰如当年的第一列火车问世，令人们感到惧怕。我们必须严肃对待核工业或其他产业的这种不利影响。但是，环保组织与和平主义运动组织过去的这种反核运动，太过夸张（今天这种影响已经越来越小，似乎反核之声正在消退）。他们认为，核能是我们现代社会中一个重大的公众核危害。其实，曾经一度成为我们日常生活中很重要一部分的其他危害：如驾车、化学污染、吸烟和酗酒，我们似乎很难再注意到，但相比于这些危害，核能的危害非常低微。

还有一些对我们人类的生命和未来构成重大威胁的其他社会和环境问题：如地球人口过剩、贫穷国家的饥荒、毒品和尼古丁上瘾、酒精中毒、暴力和都市生活中的一些其他社会问题。此外，还有热带地区土地人为沙漠化、农业减产和森林毁坏等等。或许当您阅读本书时，数千公顷的热带雨林正在化为灰烬再也不能重生；全球数百万儿童正在因饥饿而死亡；几十万游击队员正在擦拭枪炮，为仍在许多贫穷国家持续进行的战争准备弹药；与此同时，西方环保学者们还在为切尔诺贝利核事故的后果所困扰。相比于每年导致百万以上人口死亡的心脏病（一种人是因心脏病和癌症两种疾患而过早死亡；一种人是因心脏病、癌症和吸烟三种疾患而死亡）、酒精中毒（很不幸，法国和前苏联形成了按人口比例消费酒精）和吸毒（毒品甚至今天公然在大学和中学的校园内被贩卖和分销），切尔诺贝利核事故根本就没有给西欧人的健康带来危害，仅仅对乌克兰产生了轻微影响。

电视上以及政治辩论中出现了大量关于辐射与放射性的话题。为确保核安全，社会无可非议地花费了几十亿美元。但是，我们在防止毒品、尼古丁上瘾和酒精中毒以及第三世界战胜饥荒方面又做了些什么呢？实际上，什么也没做。

然而，需要值得我们关注的是，世界各国的许多政党和新闻界却通过为烟草业和酿酒业游说而获取部分财力资助，这真是荒唐至极。主流政治在这些方面的无能以及不作为越发激起全体社会的公愤。“清洁”电能为个人福利做出了贡献，我们可以通过改变我们的吃、住、睡以及思维方式取得甚至更快的进步。就核电进行的环境大辩论，正如辩论本身一样，很有实效并且具有感染力。同时，在避免展开诸如吸烟、酗酒、食品质量、司法公正、教育、个人在社会中所起的作用等等这些高度关注我们身体健康和社会未来的公众辩论议题上，核电环境大辩论也起了一种替代作用。当然，所有这些问题需要我们集中力量去努力研究。与大多数人的想法相反，要改善我们的生活方式，主要还在于我们自己，周围事物起不了多大作用。

真正的环境革命是要教育人们（就像本人自上世纪 80 年代以来一直在努力做的那样），始终坚持一种更加积极向上的生活原则：怎样吃得更好、睡得更香、行为更积极主动、生活中又怎样与身边的人和谐相处、重视环境、为更美好的世界而工作，以及认真教育我们的子孙后代。如果这种积极的生活态度得以大力推广，我们就会很快克服我们社会的大灾难——健康问题、日益短缺的国家福利问题、精神沮丧和郁闷压抑的大众社会思潮、财经问题、社会及家庭瓦解问题等等。

现在该是我们每一个人需要改善自己的生活行为并帮助身边的人做同样努力的时候了。除了我们自己，没有他人能够改变我们现有的生活方式，或改变我们的生活习惯。当某个人决定停止吸烟或改善生活饮食时，显而易见，他直接促成了自己的身体健康和心情愉快，而且也积极参与了整个社会的进步。统计数据表明，当某人每次停止吸烟时，他所接触的社会圈内的某一个人，或他的某一位朋友，或他家庭中的某一位成员，将会在一年之内仿效他的做法。这就是为什么说我们参与了社会的进步、彼此甚至并不相识却相互促成的道理。我们大家都应该来为我们这个小小的地球分担一份责任。

自从发生带来灾难日子的 1986 年切尔诺贝利核事故以来，全世界每个月大约有 100 000 名吸烟者因受尼古丁毒害而死亡；而数十年来只有约 500 人死于核电事故[64]！可是，人们对烟草危害的谈论却远比核电少。尽管大灾难后的最初几个月仅有十几名事故受害者死亡，但至今切尔诺贝利核事故仍然还在被讨论。每个月有 100 000 名受害者因烟草的高效毒素致死，这完全是另一数量级的无声大屠杀，公众社会却认为无关紧要。烟草受害者死于国际新闻界的蛊惑（他们从香烟制造厂的广告宣传中获得金钱利益）和政府同谋（通常从管理国营烟草公司中获取收益并还从刺激消费征收更多香烟税中获取利益）。死于烟草相关疾病的人数每天达 3 000 人（相当于 10 架大型航空班机的乘员！）。我们在这个问题上的处理无能为力，因而使这些人全都成为无辜的受害者。虽然现在已经研究出了一些防止吸烟的简单方法，但这些方法却要耗费大量的社会成本。

谈论切尔诺贝利核事故的话题已经有很多，但无人谈及或者实际上也没有话题谈论烟草、吸毒、交通事故以及不良饮食习惯，每天都有这类问题使很多人致死。这是什么逻辑呢？

---

[64] 正如吸烟患癌致死这种既痛苦又不幸的老生常谈话题，癌病患者不是因为接受了放射治疗致死，而是经过数月的癌痛折磨而死。当然，最好远离癌病和癌痛折磨，愉快地活着。

我们必须明辨什么是真正的问题，致使我们社会遭难的根源是什么，然后按照这些问题的重要程度进行处理：对最紧急而又最容易解决的问题，当然应当首先着手处理。我们今天所遇到的真实环境问题是我们不得不重新学习各项最基本的生活法则：吃、喝、睡、工作和更加自然的旅行。

一个更好、更人性化的世界永远不会是某一个新政治体制或经济体制的成果，政治和经济体制仅仅带来影响后果。真正的变化只能通过我们每一个人在各自责任范围内的行动所促成。我们可收获的只是我们自己付出努力后的成果，我们只能以一种更好的生活方式来改变我们自己个人的生活，不能改变他人。如果人人都对自己的生活方式做出一点点改变，那么，社会、医疗、商业、道德价值、经济乃至政治也将随之改善。除此之外，别无他途。

在我们这个现代世界里，最好与最坏总是相伴而行。我们正生活在一个不可思议的历史时期。为实现人类以前从不知道的安宁幸福，我们拥有各种装备手段和最有利的条件：几乎人人享有住房、餐桌上有食物、通讯联络有电话和国际互联网、旅行乘坐小汽车和飞机这样一个令人满意的（西方世界）生活标准[65]。然而，世界上还有众多的人群遭受疾病折磨或者生活贫困潦倒。另一方面，医生和心理病学专家的办公室里却挤满了有钱人，一眼就可以看出这些有钱人已经拥有了他们想要的幸福的一切，但他们还是不满意，为什么会这样呢？原因很简单，因为我们对生活中的基本事务处理不当就会使我们自己感觉不愉快：我们呼吸的方式不正确、我们的饮食、休息或者娱乐使得自己不开

[65] 世界上仍然存在着贫穷和无家可归的人，甚至在纽约和巴黎这样的城市里也有人死于饥饿，这正在成为这个世界越来越具有共性的问题。这些问题在最贫穷的国家里（如印度、墨西哥以及某些非洲国家……）占有相当大的比例。

心、我们不知道怎么教育自己的子孙后代并怎样使他们才觉得幸福快乐。如果我们认识到时时处处都可以享受到自然的生活方式，我们就不会非得要去寻求幻想中的幸福。

在21世纪初始的今天，对环境的最大挑战和最利害攸关的问题，既不是来自核能、财经、政治和社会，甚至也不是来自工业(尽管我们必须在这些领域里有所作为并可能取得什么样的进步)，而最最相关的还是人的行为和受教育的程度。我们必须学会更简朴、更贴近自然地生活，以一种更适宜于我们人类真实需求的方式去生活。我们应该进食地地道道的纯天然食物——富含各种维生素的天然原生水果和蔬菜，以及少量烹煮的菜肴。我们必须停止吸烟，使睡眠好一点、调节好我们生活工作中的压力，懂得什么时候休息、怎样改善与人交流、如何和睦相处和彼此真诚相爱。这并非乌托邦式的幻想。我们可以实现这些向往而不必改变我们社会运转的方式。我们可以继续在同一家公司工作，与我们的家人在同一栋公寓生活，拥有共同的朋友，生活、工作行为更加积极向上。21世纪初对环境和人类的伟大挑战在于改变我们的生活方式，而不是因我们的问题去责怪他人。

环保主义的确应该继续倡导谨慎对待各类新技术及其新技术所产生的污染。但是，如果环保学者就此停滞不前，他们就会对不久的将来什么是真正的利害攸关满不在乎。我们必须避免日渐趋人为化的生活方式，享有最好的技术，如电话和国际互联网，其目的是，越自然化的行为，越适应我们人类的生存环境条件。

这种生活趋势不是乌托邦，它不可避免：不管愿意与否，我们都将不得不重新学习怎样生活，改善我们自己的日常生活行为。我们必须从自身开始做起，必须为我们的子孙树立一个榜样，教给他们怎样才能幸福、吃得更好，要他们远离毒品，品行积极向上，同时尊重自己、尊重他人、尊重环境。

我们利用能和管理能的方式将成为一条决定新的生活方式是否具有成功意义的惟一途径,一个更适宜于实现我们个人和群体既定目标的要素。

第 10 章

法国——引领世界核能生产的楷模

“法国不仅是香水和服装的故乡，
而且也是服务于人类的核电领域的领先者，
她在核电领域的投资比其他任何国家都要多。”

米歇尔·拉奇林[66]

法国是目前领先世界核电生产的国家，拥有运行核电机组共 59 台，发电量占国家电能的 80％，另一类有利于环保的能源，筑坝水电提供 15％，燃油和燃煤电站发电仅为 5％。矿物燃料动力，对环境不太友好，费用更高，仅在核电站不能满足用电高峰耗能需求时才启动使用，尤其是冬季。1945 年，戴高乐将军主要为军事目的而创建了法国原子能委员会(CEA)。法国刚

[66]《核能伟大故事》的作者，阿尔宾·米歇尔出版社出版，巴黎。

从二战打击的阴影中走出来就在美国的帮助下重新恢复了自己的地位。戴高乐将军要使自己的国家成为军事强国并独立于世界。他坚定地推崇核武器。民用核能的出现是20年之后的事情，那时，法国继美国之后不久建起了第一座核电站并很快投入商业运行，生产民用电。20世纪70年代期间，石油危机和石油输出国组织(OPEC)中各国支配的原油价格飞速上涨，这是一次沉重的打击，同时也暴露出法国自己能源供应的脆弱性，从而使得法国总统乔治·蓬皮杜(George Pompidou)及其继任者瓦勒里·吉斯卡·德斯坦(Valéry Giscard d'Estaing)迅速扩展法国的核能计划。

多谢有了这一强大的兴核战略，法国的电力才比邻国的电力便宜许多。出人意料的是，尽管这并非最初追求的目的，然而恰恰是在这几年的时间里，法国的电力被建设成为了最注重环保的行业。

20世纪90年代初，大约在法国决定发展核电之后20年里，尤其是在优先发展核能的国家中，每年人均二氧化碳(CO_2)的排放量(吨)大大减少：

美国，5.2吨/年·人；

德国，3.2吨/年·人；

英国，3.0吨/年·人；

法国，仅1.8吨/年·人[67]。

法国现在已经完全掌握了从铀萃取(高杰玛公司，Cogema)、铀浓缩(欧洲气体扩散铀同位素分离公司，Eurodif)、燃料棒制造(法马通公司，Framatome)、核电站运营(法国电力公司，EDF)到废物后处理(高杰玛公司，Cogema)的这一完整核燃料

[67]"核能问题"，《南方探索》，国家工业开发部合作研究，1991年。

循环的工艺技术，当然也不应忘记核安全(法国核防护和安全研究所，IPSN)的贡献。

核电发展计划的成功，使法国对石油输出国组织和石油生产国的依赖减少了大约40%。

法国是世界核能之冠吗？是的，无可否认。法国拥有的电能大部分来自于核电，占80%，法国电力公司(EDF)是世界领先的核电运营商[68]。人们或许会担心出现最坏的情况：环境受到无管制的放射性污染，法国人口受到的辐射非常高，电价非常昂贵，前景暗淡。然而，事实正好相反，法国是安全、"清洁"的核电之冠，生产的电力便宜，也尊重环境。另外，我们在核电领域的专有技术受到一些外国的赞许和引进。法国已在南非、韩国、中国……等国家建造了一批核电站并且还将自己成熟的核技术出口到许多其他国家，包括日本和美国。不仅法国电力公司(EDF)是最大的核电运营商，而且法马通先进核动力联营公司(FRAMATOME ANP)也是世界上最大的核反应堆建造商和核燃料元件供货商。

让我们在此再多说几句：法国公众所接受到的辐射剂量水平并不比其他核设施装备不足国家内公众所接受到的高，而且迄今为止，法国境内还没有出现过一次严重的核事故(我们必须继续保证，今后也不可能发生)。另一方面，其他主要两个核工业强国发生过两次核事故。美国经历了三里岛核事故——反应堆防事故外壳结构实际上屏蔽了全部放射性，因此该事故对公众没有产生影响；前苏联遭遇了切尔诺贝利核事故大灾难。

法美核工业的对比尤其具有启发性。在美国，核电站由众

[68] 美国拥有几乎2倍于法国的核电站，但是所建的这些核电站全部由一批相互竞争的电力运营商在经营，每家电力运营商都比法国电力公司的规模小。

多私营公司所拥有和运营，这些公司的核反应堆由数家不同的工业公司所建造。这么众多合作伙伴之间存在着交流沟通障碍，特别是自这些公司相互成为竞争方以来更是如此。美国国家核安全局前任主席维克托·塞林（Victor Selin）对这种情况做了如下总结："在法国，你可以享受到 400 种奶酪的美味，却只有一种堆型的核电站；而美国的情况正好相反！"[69]

在美国，不同的材料和不同的参与方使其很难有和谐一致的设备、标准和安全经验。核工业正如其行业本身一样，在运营核电站的各电力用户竞争方之间出现了分裂。就是这些核工业公司，他们在一定程度上决定着需要建造的核电站的标准和堆型，并制定法律法规；运营商仅仅是从这些核工业公司所推荐的许多核电站堆型中进行选择，然后购买和运营。这就是为什么有时候在同一电站现场可以发现不同堆型的机组，毫无价值地使电站的服务、维修程序、乏燃料元件存放、人员及运行培训复杂化。

与此不同的是，法国建造了大量统一堆型的机组，因而成本必然下降、安全性得到提高，相比于美国同一装机容量，投资成本要低 30%～40%；而且，由于完全结合了各地同一堆型的运行经验，运行系统也安全得多。

前苏联的运行系统也最大限度地实行了中央集中式管理，但因其僵化的政治制度，使他们简直忘记了整合安全的概念，直到切尔诺贝利核事故后他们才醒悟过来。

法国的核工业，在我看来，是聪明才智与积极进取这两个极端条件的接合，这常常被引以为楷模。法国电力公司既是全法国核电站的建筑工程师（与法马通一起），也是运营者。这种中央集中式管理结构有利于积累经验，实现降低成本，利用了标准

[69] 阿德托纳卡（A. de Tonnac）《核能、业绩、赌注与论争》，1994 年。

化设备和安全标准的有利条件。不像前苏联，法国政府及其核工业在安全方面采取了各项必要的防护措施。法国核电站运行30年来还没有发生过一起重大核事故，看起来，对待核安全的这种态度至今还是行之有效。尽管法国公众对核电仍然持有担心的态度，而且某些法国环保主义者也继续在反对核电，但整个世界却在赞许我们的核能专有技术，许多国家希望引进它，尤其是中国和其他一些亚洲国家。

> 法国因艺术、经济、科技和环保文化而受到外国人的羡慕，而非抱怨。她被认为是世界上最美丽的国家之一，而且这个国家在核电领域内的环境保护和科技进步处于世界领先地位，法国人应当为生活在这样的一个国家感到幸福和自豪。

法国受益于有利于环境的经济电能。同样，这种经济的电能意味着对消费大量电能的任何行业，如铝厂，是一种极大的实惠[70]，从经济学角度讲，这种优势值得赞许。相比于法国其他地区或其他核电站较少的国家，现在还没有发现在法国核电设施附近有放射性剂量增加，或白血病、癌症患者增多的现象。

> 在1973～1993年的20年里，多亏有了核电站，法国每发出1千瓦小时的核电所造成的大气污染（CO_2，SO_2 和 NO_2）减少了1/10。现在该是全世界学习法国减少消费能源、转而使用核能、停止燃烧污染大气的矿物燃料的时候了。

由于法国的核电站能够满足国家电力需求的80%，法国再也不需要建造新的核电站。大部分第一代核电站在20世纪70年代和80年代投入运行。核电站的建设持续了30～40年，有一些不久就得被更换。现在也该是为将来筹备研发更安全、更经济、少污染的反应堆的时候了。为着这一目标，新一代压水堆

[70] 事实上，这是一个特殊污染的行业。

型正在研发之中[71]。更长远一点,快中子反应堆的研发将取得进展;在更远的将来,核聚变很有可能受到推崇。

如果说时至今日法国境内的放射性尘埃已经比天然放射性微弱的话,法国在经济和就业方面所取得的成功而带来的不利远不足挂齿。出口电能、设备和核能专有技术,为这个国家每年带来大约40亿美元的收益,提供了大约10万个就业职位。没有核电,法国可能会为其电能多付出20%～30%,环境污染更严重,整个法国经济的竞争力将会降低。作为补偿,每个法国家庭可能不得不缴付更多的税金,因而可以非常简单明了地总结如下:

多谢有了核电,法国的电价才便宜了20%～30%,每个家庭每年相当于节约了200美元的税金,大约是该家庭用电的同等支出。

法国对外出口电能每年赚取120多亿法郎(大约为20亿美元),相当于对外出售近30架空客飞机。正是因为有了核电,法国电力公司自己的电才有一个可赢利的出口市场,因而改善了法国的贸易平衡,同时法国消费者支付的电费价格下降。我们的邻国也从进口对消费者降了价的清洁核电中赢得利益。

无论按人均还是以国民生产总值计,最大的污染制造者和最大的能源消费者都是美国和前苏联。

感谢这份核能计划和减少能源消耗的环境保护政策,法国在发达国家中CO_2的污染是最轻的。国家能耗低,同时保持一个令人满意的生活标准,这就是“法国人的生活方式”——一切方便现代化,没有困扰和不利!

---

[71] 欧洲压水堆(EPR)是一项法德联合研究计划,设计和生产比法国现有高效压水堆型更安全、更有效。法国当前的堆型将在21世纪上半叶被欧洲压水堆或新的堆型所替代。

最大的污染源

中国
独联体
(前苏联)
美国
欧洲
法国
日本
CO_2 / GDP (吨/百万美元)
6 000
1 600
1 400
1 200
1 000
800
600
400
200
0
1 000
2 000
3 000
4 000
5 000
6 000
CO_2百万吨

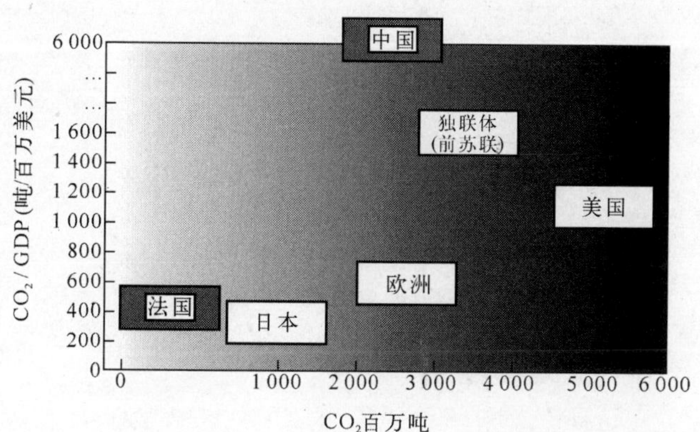

第11章

核聚变——

一种未来取之不竭的清洁能源？

“我关注未来，因为那是我度过今后晚年的期望所在。”

加利福尼亚伯克利大学校园墙壁涂鸦

核聚变是多个原子核结合在一起，形成一个更大的原子核的反应，这种反应源于太阳能。多亏这种太阳能，它以光的形式发射光能，使得我们从数光年这么遥远的地方也能看见天空中的无数星辰。地球上，热核聚变显示出一个巨大的潜在能量。原理上，这种能可以从海水中的氚获得。这对许许多多数十年潜心研究这项课题的欧洲、日本和美国科学家们来说是一个挑战。

今天，我们核电站所生产的能，是通过重原子的裂变获得的，相对于其他形式的能来讲，它具有很多优势。不过，世界上的铀资源很有限。虽说达不到石油和天然气那样的有限程度，但可以肯定的是，有限的铀资源足以使铀从22世纪以后会越来越昂贵[72]。而且，核电站产生的放射性废物，虽然数量相当少，但也不得不进行后处理和/或贮存，并对这些放射性废物进行长期的监测。核废物的后处理和贮存，现在是在安全、经济和适宜的条件下进行的，但这也是一个难以处理的工业运行问题。很显然，我们宁可完全不要产生废物，或者至少比现在产生得少。只要我们学会掌握完美的能源：核聚变，这个理想从科学技术上讲是可以实现的。

现在我们用的燃料是铀。铀-235的富集度为3%，加入相当浓缩度的钚，一起形成铀钚混合氧化物(MOX)。按照生产金属钚的这种方式，过去我们将这种方式引入到了民用能源的生产系统；现在作为武器应用的设施已被拆除，我们也就不再需要为核武器而生产金属钚。

下阶段应当研发快中子反应堆(FNR)——这种堆型被特别设计成将不可裂变的铀-238转化成可裂变的钚-239。

使用同样数量的铀，预计快中子堆可以比现在的压水堆多产出50倍以上的电能。快中子堆可使我们对金属铀的应用延长好几个世纪，甚至数千年。快中子堆可以并应该用作"钚燃烧器。"

比较目前的热中子反应堆，快中子反应堆至少有三大优点：

1）将金属铀-238转化成金属钚，然后燃烧金属钚，这将使我们的金属铀存量时间延长50倍；

2）另一方面，可以使这些快中子反应堆消耗现有库存的金

[72] 如果我们限制在目前广泛推行的压水堆体系，快中子反应堆的应用可以使我们的铀资源使用时间持续延长50倍，这就使我们有足够的时间平稳过渡到一个更加生态化的社会。

属钚，这样 20 世纪积存起来准备用于制造原子弹的金属钚，可以在 21 世纪和平利用，生产出我们工业所需的能；

3）高温运行，快中子反应堆热效率更高，可以用同样量的热能产出更多的电能；

4）快中子堆一般是采用液态钠冷却。作为一种冷却剂，液态钠的性能远远优于水。这些反应堆运行完好，可以生出大量的能[73]。当进入稳定运行时，每 1 千瓦小时的成本与压水堆的相似。

快中子反应堆具有显著的环保优势，应当予以推广。钠冷快堆已经成功地在超凤凰反应堆内进行了商业规模级的运行试验。还有几种其他可行的设计，包括俄罗斯阿达莫夫教授推荐的熔铅冷却快堆（BREST）。然而，许多研发工程必须在此之前完成，或者对其他一些新型反应堆设计概念按照安全、卓有成效的模式实施研发。

世界上已经有 7 台快中子堆型样机投入运行：法国有两台（250 MWe 凤凰机组，以及 1 300 MWe 超凤凰机组，位于克瑞斯—马尔威勒(Creys-Malville)，现已关闭），日本、俄罗斯、哈萨克斯坦、美国、印度和英国各一台。是否把快中子堆作为现阶段正在运行的压水堆、沸水堆以及压水堆后续堆型的换代堆型呢？现在做出这样的决定为时还早，我们还有好几十年的选择时间。我们可以期待着 2030 年左右开始发展这些可以投入使用的反应堆，那时候，今天运营中的大多数反应堆都已经到达服役寿期的终点，也就是说，大约在 21 世纪中叶，目前大量运营中的这些反应堆都得必须重建。从现在起到那个时候的这段时期内，我

[73] 位于法国克瑞斯－马尔威勒的超凤凰堆运行了多年，直到新当选的反核联合政府出于政治原因而决定关闭时一直都运行得很好。

们必须对多种堆型设计进行试验,建造多种样机,以证明这些样机的技术可行性和安全性。法国正处于快中子堆和压水堆技术的领先前沿。即使在接下来的几年时间内没有其他可行的方案出现,这些先进的反应堆型仍然能够使我们的金属铀应用储量延长数百年,不过,再以后我们又将怎么办呢?

一种理想的能源,用之不尽,没有污染,已有文字介绍,但实际技术还没有研究出来,离商业可行性就更加遥远,这就是热核聚变能。通过热核聚变,人类可以开发出巨大的能量。当两颗小核子聚合形成单独一颗大核子时,被释放出来的这种能远比核裂变能强大得多。

核聚变电站可能比矿物燃料电站更安全、更清洁,环境危害更小,甚至比核裂变电站更清洁。现在有的国家已经建造出来了巨大的实验设施,如英国的 JET 装置[74],用以研究控制氢原子的聚变,但现阶段离我们能够实现控制这种能还有相当多的工作要做(可能还需要再有 50 年的时间)[75]。可喜的是,这种能源实际上可以为人类和地球的利益所驾驭。尽管面临巨大的困难,但核聚变的研究仍然受到推崇,因为从许多方面看,核聚变能比今天的核裂变能更具有吸引力:

—同样重量的原材料经聚变而非裂变,产出的能量更大。这具有双重优势:即生产同等的能量,使用的燃料少,产生的废物(质量)也少。

—核聚变产生的废物由轻原子组成,体积小、变化小、放射性少、危害性小、更稳定,因而危险性小。这种废物的后处理比金属铀裂变产生的废物更简单,但仍保持封闭处理。

---

[74] 欧洲托卡马克联合研究设施。

[75] 基于核聚变能的武器已经得到推广应用:"H" 弹也称为氢弹。H 弹弹头产生的破坏性后果甚至比原子弹还严重,而且制造得比原子弹更小。

—最终，在将来，受控的核聚变可以使巨量的能从几乎是无限的原材料中释放出来：海水中含有重氢原子（氘）。仅一个游泳池大小容积的水可以产生足够多的能，可供纽约、东京或巴黎这样的大城市用上好几年。获得原材料的问题一旦被解决，其他所有的问题都可以解决。

从每一个角度看，核聚变似乎是解决当今能源和环境问题的理想答案。最清洁、几乎无限。毫无疑问这是将来很长时期内最有希望的能源，但要驾驭它可不是一件轻而易举的事。

这又将出现另外一个问题，随着我们对核废物处置技术水平的提高，我们实际上可以得到一种无限量、无污染的能，或许我们可能会毫不在意地增大能源消耗，结果将可能导致地球逐渐变暖！因此，我们在应用新技术时必须始终小心谨慎；我们必须进行调查研究，运用新技术的有利因素，同时不断努力，使任何形式的风险降到最低点；尤其是要注意不得改变大自然的平衡（包括地球的热平衡），使地球生命不受危害，另一方面，我们必须尽一切力量使地球变得更好、更舒适。

我们可能会轻而易举地消耗掉比我们目前所消耗的多得多的能。当前人造能还不到我们以太阳光[76]形式从地球上所得总量能的百万分之一。太阳能是在我们所居住的星球上的主要热源，至于担心行星、地球大大变暖问题，人造能的总量，无论什么条件下，也达不到或超过从太阳所得自然能的千分之一数量级。暂时情况下，仍然还有一个可操作策略的余地：我们或许可以在地球大大变暖的阈值到达之前，使全世界人造能的生产量扩大10倍或100倍。可是，如果世界的能耗继续增加，那么总有一天就会成为临界终点。

---

[76] 照射到地球上的阳光使我们得到的能量率大约为10^{16}瓦。

可以得出这样的结论：在我们掌握理想的能源之前（核聚变可能大约100年），为改善地球上的生活条件，同时尊重环境，我们的能源策略优先次序是：

—保护能源；

—减少矿物燃料（石油、天然气和煤）的消耗，矿物燃料的消耗产生严重污染；

—改进当前的核反应堆；

—对乏燃料进行后处理并使用铀—钚混合氧化物燃料；

—开发其他清洁能源；

—开发改进后的、新的核技术，如高温气冷堆、快中子堆并用钍[77]作燃料。

[77] 钍只是另一种可转化为可裂变形式的元素。

第 12 章

对核战说不：

终止核武器，使原子能服务于人类，服务于世界和平

不要因自己生活中的错误而走向死亡；
不要用自己的双手把自己拽进毁灭。

所罗门智慧篇
伪经

广岛，1945 年：成千上万的无辜平民百姓遭受到核辐射，一些人在原子弹的爆炸声中即刻丧生，另一些人在数周内死亡，这样的事件绝不能再发生！原子弹，人类对同类行使野蛮行径的一种新的表达形式。虽然人类的想象创造力永远无穷无尽。今天，在中东、东欧、中非、南美和中美，人类

社会被永无止境的种族冲突撕扯得四分五裂。人类智慧到底怎么了？即使动物之间的越界厮杀也仅仅是为了取食，从不只为在自己的同类中取乐。人类在这方面的愚昧无知比起动物来甚至有过之而无不及。人类虏杀是行意识形态之名，或者宣判有罪，或者甚至为了取乐。我们人类能够像动物一样明理并相互尊重，或许那一天很快就会到来；那时我们可以重新感到自豪并值得称其为人类。

我认为，核武器扩散问题，尽管我们在努力遏制它，但最终似乎还是难以预料，这就迫使我们要在更和睦相处的姿态与继续我们相互野蛮的厮杀之间做出选择，人类的相互野蛮厮杀可能会导致一场大屠杀。随着时代的进步，我们或许会认识到，通过暴力、恐吓和武力冲突所解决的问题将会越来越少。

尽管出现这些令人恐怖的历史事件，但我们不得不承认，广岛和长崎原子弹的爆炸，确实中止了曾经旷日持久而又血腥的太平洋战争。这场战争，如果让其继续的话，可能会导致比原子弹爆炸造成的死亡和伤害还要多。更进一步讲，广岛和长崎事件以后再也没有哪个国家胆敢使用核武器。让我们大家都来希望这类事件到此为止，因为，单独一艘俄罗斯、美国或者法国的弹道导弹潜艇，装载的一次核战斗装药就相当于扔在广岛和长崎原子弹爆炸威力药量的好几百倍。

在当今世界的海洋上，有许许多多艘这样的潜艇在游弋。所以，我们只能寄希望于这类兵器永远不再使用！当冷战之后和超级大国们担心大家急速涌入破坏性愈来愈大的核武器领域之后，当前要求削减核军备数量的趋势似乎就更加合理。世界上各相关国家不仅必须削减核武器数量，而且也必须削减荒谬囤积起来的甚至可能更具威胁性的巨量生化武器库存。

随着越来越多的国家拥有原子武器,实际上原子武器也很容易制造[78],那么,尽一切可能减少发生具有灾难性后果核冲突的可能性就更加责无旁贷,这也是不扩散(核武器)条约(NPT)的目标。迄今为止,全球已有187个国家签署了这个不扩散条约[79]。按照这个不扩散条约条款的规定,只要那些签署了不扩散条约但又还没有拥有核技术的国家放弃将民用核专有技术用于军事目的,并且只要他们同意提供自己的核设施由国际核专家执行定期检查,以验证这些国家所从事的核技术是否遵守了不扩散条约的规定,那么拥有核技术的签约国家就同意将民用核技术优惠转让给那些签署了不扩散条约但又还没有拥有核技术的国家。今天,不扩散条约比以往任何时候都显得更加必要,因为现在拥有这种核武器技术的成员国的数量在增加,由此带来的风险比假想的超级大国之间殊死战争所带来的风险还要大[80]。

尽管民用核能服务于生活,服务于人类,极小风险,并且经封闭处理后的核废物数量有限,但人们可能很难不说出与原子能军用目的相同的话。核武器的目的是杀人和彻底毁灭,或者最起码也是不杀人的恐吓(非常漂亮的劝告戒律),这种说法危险性小,但没有很大的积极意义。

---

[78] 制造一颗原子弹只需要不足10公斤几乎无杂质的钚-239或铀-235(然而,纯化处理难以实现,它要求很高的专业化水平以及价格不菲的工业化设施。不过这样的纯核物料也可以从那些已经拥有纯核物料的国家获得)。对那些动手能力强具有一定核能知识的人来说,原子弹的随后组装和发射只不过是一件孩童玩游戏的把戏而已。

[79] 截止1999年底,国际原子能机构(IAEA)包括5个主要核大国:美国、英国、中国、法国和前苏联。

[80] 参见"如何认识核扩散与核动力",威廉姆·C·塞勒,物理学与社会学,2001.4,可通过国际互联网点击＜www.aps.org/units/fps/apr01/ap3.html＞查阅。

原子军用的惟一优势在于阻遏。更确切地说，拥有核武器的国家除了进行过代理性的战争外，相互之间还没有进行过事实上的战争。在这些国家之间几乎都没有重新建立起一个长久的和平解决办法，当更多国家拥有这种极具破坏性的灾难武器时，和平还能有保障吗？一想到碰巧如果原子弹被掌握在我们曾经在半个世纪前所见到的那几个不负责任的独裁者[81]等手里时，我们就会心有余悸。当一个家庭如果出现不协调，父亲和母亲关系破裂并且相互诋毁恐吓时，这样的情形，我们能够想像得到吗？在那样的一个家庭里，肯定创造不出和谐的氛围！

在我看来，在国际间相互关系的层面上，这种情况非常相似。我不认为人与人之间的相互恐吓诋毁可以建立起和谐关系。武力与恐吓的积累只能增加仇恨、拒绝、怀疑和偏执的情绪；即使没有谁胆敢首先发动进攻，但也只能是更进一步激化各自相互攻击的冲动。

实际上，这仅仅是冷战时期所发生的事情。每一次逐步升级都导致了敌对双方又一次新的武力行动。反过来每次新的武力冲突又导致进一步敌对升级。每次和平的信号都可望能自动平息敌对情绪。渐渐地，由于这一范畴内的多次突变从来不会是一件什么好事情，因此我们必须找到能够维护世界和平、没有威胁或暴力根源的手段。不是要双方诋毁或相互威胁，我们必须找到我们能够在这个不大但却美丽的地球上大家和谐往来、和睦共处的方式。

在人类力所能及的每一个领域（经济、生态、文化、音乐等），各项活动正在日益“全球化”。过去我们以个体的和民族的方式

[81] 尽管德国的核科学技术早在1942年就已经很先进，但它的核武器计划仍然胎死腹中。

进行活动，而现在，现代通讯的发展迫使我们有义务以全球化的方式去思考、去行动，这项规则对国防事务也不例外。这充分说明了北大西洋公约组织以及联合国在海湾战争、巴尔干战争以及中非战争这些近代国际冲突中所发挥的作用越来越重要。

今天，没有哪个发达国家（即使是处于人道原因），未事先获得国际社会的同意，就可以将自己的军队派遣到国外的土地上执行战事行动。我觉得这是一个积极的变化，因为这样可减少国家被卷入冲突的风险，从而改善各国之间的沟通交流。

难以理解的是，在这一“全球化”的规则中，核武器的使用似乎是一个例外，是对几个主要核大国所保留的一种特权，这些核大国在核武器的使用上似乎无需任何协商或同意。在美国、俄罗斯、中国、法国和英国这五国正式拥有核武器的小俱乐部内（现在印度和巴基斯坦也拥有核武器）——每个国家过去都在为自己的防御计划而辩解，直到现在，他们仍在我行我素。辩解可以理解，但他们的行为既不符合逻辑，也不可能长久持续下去。

> 做出使用核武器决定的程序不应该仅仅是一个国家或另一国家首脑的专有权力，应该是一个国际共同商定的问题；因为核武器使用的后果影响，从国家和世界这两个范畴讲，都远远大于常规冲突的后果影响。决定是否使用核武器肯定是一个由核大国首脑或国际组织聚集一起的“全球峰会”或两者皆有之的国际商定议题。

尽管这是一个完全不同性质的问题，但核武器不应再像其他武器一样继续扩散（确实也是巨大的扩散）。无论从实质上讲还是忠告性地讲，使用核武器的任何商议必须在使用常规武器和常规武装力量基础上的一种共同议定的逻辑延伸。

人们或许会想像到最后成立一个对国际民事机构（与目前组建的联合国机构不同）负责的世界防卫部队（WDF），就像在过去 10 年里我们所看到的一样，能够在各类挑衅事端中（伊拉克入侵科威特、塞尔维亚人打破巴尔干半岛的平静以及中非战争)快速实施常规军事干预。当世界防卫部队证实了自己在捍卫和平行动中所发挥出来的武力功效、证实了自己后勤保障和军事指挥机构的效率以及有效地肩负起了对自己政治机构所承担的责任后,这支防卫部队接着就可能被授予成一支可劝吓或者威慑甚至最小限度调用的核力量。这既不是明天也不是来年的事儿;让我们都来希望从现在开始到今后的时间里,核武器将完全被放弃。

我认为世界防卫部队是整个和平进程中的一个过渡阶段,因为,很显然:

很长时期,平息各类异族战争的实际方法是在另一个层面自然形成的。我们需要学会同处、学会共事以及和谐生存。这就是我们必须要改变的人类关系学的构想。不要相互威胁恐吓,我们需要相互帮助和保护,我们不要为自己的私利想着去征服地球和开发大自然。我们首先必须学会满足,学会使我们的生活服务于大自然、服务于环境和我们的人类朋友,这样,战争就会立即彻底让位于我们大家都希望的和平和理解。

我们必须采取通过不扩散核武器条约(NPT)这样的方式和选择开发不扩散技术等一切措施(在这方面,压水堆和沸水堆远比不停堆换料的加拿大坎杜堆好),限制核武器的扩散,直到我们在一定程度上教育人们把拒绝战争作为一项政治行动来选择而获得成功。

第 13 章

运输问题的友好环保方案：

电动车与氢燃料电池的经济性

“世间万物与自然和谐协调，
值得尊重。”

西塞罗

各种有毒气体、含毒废气、生活压力和夜晚失眠，皆由交通噪音、每天耗费数小时的上下班乘车和交通堵塞所引起。这就是 21 世纪初大多数城市居民的日常生活写照。科技进步带来成果并在多数情况下有效实用，但是个人和公共交通运输系统却成为一件令人烦恼的事儿；公交运输是城市污染的根源，它毒害我们的肺叶，损害儿童的呼吸系统，甚至使我们城市公共建筑以及私人住宅的外观灰褐暗淡。但愿我们能够驾驶宁静无声、清洁环保、无废气排放的汽车！这样虽有少量不便，但我们能够享受到现代文明交通的所有益处[82]。是梦想还是现实呢？事实上，这不仅仅是未来学者们的一种想像。清洁汽车和清洁技术已经成为现实并已开始出现在我们的大街小巷。这就是电动汽车或一种使用燃料电池作动力或以压缩空气形式储存能量的汽车。

除了行驶在马路上的轮胎声外，电动汽车几乎无噪声，而且最令人满意的是电动汽车不排放有毒气体。一种电池作动力的电动汽车，没有排气管，氢燃料电池作动力的电动汽车仅仅排放水蒸气，以压缩空气作动力的电动汽车只排放低于大气压的空气[83]。

火车、有轨电车和地铁的行驶运行已经采用电能作动力，这无疑是可利用的最清洁能源：无噪音、电动发动机、启动刹车时回收能量，而且不向环境释放有害化学物质。低噪音的小型电动汽车正变得越来越普及，很像仓库工作中使用的叉车。毫无疑问，机动车不久就会采用电、燃料电池或压缩空气作驱动力，行驶在城市里。甚至或许在几年时间内，汽车换代成为现实后，首先内燃机的应用会受到限制，然后被完全禁止。但是，内燃机在被完全放弃之前，仍将在一定时期得到应用，主要是在农村地区。到那时，我们城镇里的空气适宜于人体呼吸，我们又可以在城市里、公路上和交通干道两旁聆听到小鸟在歌唱。

电是一种特别清洁的能源形式，电的生产更加互不关联；核电站、水电站甚至燃气矿物燃料电站远比为我们内燃机提供汽油或柴油的炼油厂清洁得多。另外，电是一种很灵活的能源形式，因为它能够通过高压传输线即刻长距离输送，而无灾难性漏

---

[82] 压力问题和上下班往返交通所耗费的时间被忽视。

[83] 目前压缩空气罐通过家用空压机灌满压缩空气后，可行驶的里程范围与电动汽车相比，甚至更佳。

油或油罐车爆炸的风险。

电动汽车，以电池作动力，每千米耗能的价值大约仅 3 美分，而内燃机车每千米耗能的价值是 6～8 美分，这是根据法国当前的汽油价格，按一辆小轿车每 100 千米消耗 7 升汽油进行计算的。

今天，以电池作动力的电动汽车，每行驶 1 千米所需的成本还不到以汽油作动力的汽车成本的一半[84]，每千米成本似乎比采用压缩空气作动力而行驶的机车的成本还要低。

电动车，无论是电动机车还是以电池作动力的小汽车，其最大优势在于刹车时能回收能源，机车燃烧矿物燃料时，产生的能很容易以热的形式散失。因此，在另一种观点看来，电比汽油更高效。所以每次使用刹车时，可以先加速，再刹车，然后再加速，再刹车，回收一些能。

限制发展以电池为动力的电动小汽车，其主要障碍在于电池的重量和一块充满电后的电池所能行驶的距离[85]。随着电池性能的改进，电动汽车将会成为未来的主力车型。由于具有技术、经济和环境方面的优势，电动汽车的使用一定会越来越普及。

核裂变，产出低廉、清洁的电能，将参与解决 21 世纪初城市交通和污染这些关系重大的问题。

---

[84] 今天，一辆电动汽车每千米行驶成本比燃烧汽油或者柴油的汽车的每千米成本低很多（在欧洲，并非美国，北美的汽油要比欧洲的贵许多）。但要说明的是，这种价格差很大部分原因是由于燃油发动机的征税比电动汽车的征税高很多。法国的电动汽车增值税大约为 20%，而燃油汽车每磅油价的 80%是征税，相当于增值税为 400%。

[85] 当前铅—酸车用电池对环境特别有害，但新型电池（如镍—镉型）和其他蓄能装置已经问世，并在某一领域已成功实现工艺技术改进。我相信，一种清洁并且比目前蓄电池更经济的储电和/或供电装置不久就会研制出来。

虽然大家都知道蓄电池的应用，但似乎还是应当在此就燃料电池作一个相应简单的介绍。

在一块燃料电池中，氢与空气中的氧结合，产生水和能：$H_2+O_2 \longrightarrow H_2O$ ＋电能。氢随车携带，与大气中的氧发生氧化反应，产生的水蒸气又挥发到大气中。氢可以通过核电站生产的电来电解普通的水而产生，装入钢罐、冷冻柜或其他形式的容器后进行运输。除氢以外的其他化学物质也可以用于燃料电池。

燃料电池汽车的研发，已有样机问世，而且行驶得很好，它的发展依赖于我们对制氢技术的掌握和对其他燃料电池技术的开发。气态氢具有爆炸性，氢气罐的一处简单泄漏也会导致爆炸的危险。通过试验，我们学会了如何处理汽油和天然气，它们与空气混合同样也会爆炸。如果我们学会了如何安全控制氢气，我们就有可能拥有一辆更清洁的汽车，因为这种汽车惟一释放出来的物质是水蒸气。

哪一种技术最终会脱颖而出，是蓄电池还是燃料电池？最有可能的是电动汽车，它将在未来的交通体系中扮演特别重要的角色；在具有更高性能、保持更显著良好状态和更注重自然环境为特点的未来文明中，电动汽车更具有广泛性。

其中朝着这一方向发展的一个解决方案而且也是越来越多谈论的话题，就是火车车厢运载陆路车辆的“背负式运输”。在瑞士和美国的卡车运输发展中，大量采用了这种运输方式。陆路车辆及其司机一同被载入行驶在现有铁路网络中并往返于各主要城市之间的专列。同样，所有通过欧洲隧道的机车、客车、旅行大巴和运货卡车也都采用这种方式，不过目前还仅限于加来和福克斯通这两个隧道终端之间的运输。这套系统的启用，使人们在封闭的高速公路上单调驾驶的时间减少了数小时，而且司机和乘客都可以在各自的车里安静进餐或者小睡一会。

如果这套系统被更广泛实施,必将大大减少常常处于饱和状态下过分的公路交通运输量,同时也保护了环境,因为机车消耗的电能可以采用核电,从而所带来的污染远小于内燃机。出于同样的原因,建造新的、甚至使乡村遭受破坏的更宽的超级高速公路,实在是没有必要。已经适用于卡车和私家车辆的这套运载系统同样可以适用于未来的电动车,甚至当采用火车车厢背负式运输时,这些车就可以为本车的蓄能电池充电。充斥着汽油或柴油发动机车辆噪音和污染的公路,今后将被严格限制在国内的短途运输范围。事实上,现今城市内的货车和小汽车的交通运输,也就是说,个人和行业的日常短途行驶,电动车是最完美的选择;而长途或城市间的运输,背负式运输方式则是合乎逻辑的解决方案。

通过发展公路/铁路背负式运输与电动车运输相结合的运输方式,工业化国家用于运输的能源90%使用的是电能,而不再大量耗费汽油和柴油。这样,市区主要的大气污染源(汽车尾气)就可以减少90%。

因此,核能将直接对解决运输以及减轻大气污染等问题做出贡献。

此外,我们注意到了另一个有利于核能/电动车串列连接的优势:公路和铁路运输所消耗的电能完全可以均摊到全年及昼夜之中。这非常适合于核电,因为它能提供恒定不变的电能。白昼与夜晚的能耗差可以通过夜晚给电动车蓄电池充电得到补偿平衡,而这些蓄电池就可以在白天使用。到了夜晚,剩余的能量可以用来对白天行驶的电动车蓄电池充电,也可以抽水灌注贮水池;白天恢复贮水池的储能,以满足峰值用电的需求,而车辆可以利用前一晚上所储存的能量行驶运行。所以,核电+水电+电动车三件套似乎是一个既能解决现代交通问题又能为工业化国家的民众提供清洁、灵活、经济的交通运输方案的完美结合。

第14章

现代、高效、智能化环境计划：

倡导明天核能绿色运动

“驾驭自然，就必须遵守自然规律。”

弗朗西斯·培根

大多数环保学者仍然担心核能的安全，这完全没有错。我们的确必须要始终密切注视核能发展进程中的各种不利和有害影响。我们曾经为导弹发射井、空域和潜艇聚集核动力，并使用这些核动力荒唐地大量囤积核军备。如果我们一旦失误，则有可能危及到我们未来的生存质量，甚至人类在地球上生存的可能性。我们的责任重大：我们过去任何时候都没有像今天这样把地球的未来掌握在我们自己的手中。

一种既现实又现代的最新环保主义趋势是，从现在就开始研究技术智能化应用，也就是说要充分认识到核能的各项优势。

1994 年,当我撰写本书第一版时,我感到作为一名亲核的环保人士,力量是多么的单薄。那时候,大多数环保人士都对核能持敌视态度。这种情形后来发生了变化。1996 年,本书首次出版发行,引起了一些带政治倾向的固执己见的反核运动和组织的强烈反应,随后我发现,我不能单独自己来做这项工作。因此,在一些环保朋友的帮助下,我们创建了核能环保学会(EFN),即核能界环境保护主义者的组织。现在(2001 年)该学会已在全世界 30 个国家发展了分会,大约有 5 000 名学会会员和支持者。

火山学学者哈柔恩·挞热夫(Haroun Tazieff),也是一位环保学者,他把自己毕生的精力投入到了地球的勘探事业,把自己人生最辉煌的时期贡献给了公共事业。他支持核能胜过于矿物燃料。艾伯特·杜克诺克(Albert Ducrocq)是一位科学专家,他认为,核能将"重返时尚",我与他的这一观点不谋而合[86]。

詹姆斯·洛夫洛克(James Lovelock),一位环保主义运动的创始人,许多人把他视作环保主义的始祖。为使地球更加美好,他也支持清洁的核能并热忱允诺为本书新版题写绪言,在此不胜感谢。

法国最早期的环保主义运动,也就是"青色运动组织"或者称为"绿色运动组织",传统上是反核的。另一方面,"发展生态组织(Génération Ecologie)",这个由原环保部部长布赖斯·拉隆德(Brice Lalonde)新近创建的运动组织,则是一个较具现代科学意识、思想更加开放的环保运动组织。几年前,在区分核能军用与民用这个问题上,这个新运动组织开始采取一种比较温

---

[86] 艾伯特·杜克诺克,《原子动力将会与最初问世时一样成为社会时尚》,法兰西财政,第 265 期,第 76 页,1992 年 11 月。

和的观点。

总体说来,“发展生态组织”随后也自称反对核能军用,他们认为,只要核设施的安全有保证并且核废物问题的处置符合规定要求,他们对民用核动力无恶意。根据这两个政治运动组织在 1993 年 3 月立法选举框架协议中的明确规定,他们对待军事防务和核电的共同态度是(摘录自“青—绿色运动”协议,1992 年 11 月 14 日):“为了实现一个团结一致的世界,和平利用因共产主义运动终结、东欧前沿变革以及构建一个政治化欧洲而形成的整个欧洲战略局势,法国将提出确保整个欧洲大陆安全的多个方案,一份以发展为目标的宏伟战略计划,一份重新恢复兵器工业生产和中止武器贸易的时间表,并在支持放弃原子武器的总体进程中采取主动权”。这两个“绿色运动组织”于是果断地采取了反对核能用于军事目的的共同态度。最后我们认为,核能军用这一目的必须废弃,但作为一种可接受的环保选择,我们并不排除继续利用核能生产电力。

2001 年 10 月,布赖斯·拉隆德成了康姆研究所(the Comby Institute)的一名成员。他阅读了本书之后,将发展生态组织命名为“泛蓝运动组织”,采取了一种非常鲜明的态度并发表了下述声明:

“发展生态组织(泛蓝运动组织)现在决定,不受任何教义束缚,以技术上可信、经济上可行的方式保护环境,我们认为:

—附加温室效应最有可能就是燃烧矿物燃料带来的后果

—城市污染是车辆燃烧汽油、排放废气所致

—地缘政治威胁在于大量石油储备被集中在受伊斯兰基本教义强烈影响的几个地区内

—发展中国家比发达国家更难用其他类型的能源替代石油,我们因此必须为发展中国家所需而储备矿物燃料

—许多产品(塑料制品)的制造也需要矿物燃料,建议不要仅仅作为燃料燃烧而浪费矿物燃料储量

—石油资源有限,历史性地无法再生

—某些环保运动组织只是以自己的目标来反对核能,不考虑燃烧矿物燃料所带来的后果,这只能是一种盲目的短视行为

—现在已经到了修正能源领域环保观念和战略的时候,并宣布本组织支持尽快制订放弃燃烧石油的新能源政策

—为着这一目标,我们应当筹建后石油社会

—加速氢和燃料电池进入能源市场

—正视应用电解水生产氢,提供清洁电能

—只要在要求的期限内没有研究出可再生的能源就不拒绝使用核能

—发起一场使核能更清洁为条件的运动"

2001 年,法国发现本国有两大政治倾向的环保阵营:一个是反核阵营(绿色运动组织)。由于该组织是执政联盟的成员之一,因此暂时具有更大声势;另一个是亲核阵营(蓝色运动组织)。

德国的中止核能计划是在杰哈德·施罗德(Gerhard Schröder)大选并组成了一个反核绿党联盟之后制订的,是一项不折不扣的政治机会主义计划。这个德国政治家联盟做出了一份终止核能的承诺,然而这份承诺需要大约 20 年后才能有结果,所以远远超出了他们的执政生涯。显而易见,这份承诺将遗留给他们的接班人来裁定;德国绿党事实上已经完全被分化,就在他们与施罗德一起进入执政联盟之后的一两年,他们的支持者就已经开始日渐减少。

所以,环保学者们强烈反对核电的态度在许多国家正发生着明显的变化。他们一边仍然反对核武器,一边在缓和自己关于尊重核电民用的态度,当然仍心存戒备。这一演变进展是这

些具有现代的、科学的和现实思想的环保学者们的思想意识变化的结果。这些环保学者们认识到，核能具有不可否认的优势，核电站不可能像原子弹一样发生核爆炸，核废物的问题有办法解决，而且我们环境健康方面的主要问题在其他领域也完全同样存在。

法国和日本的环保学者们声称，他们提倡研制以钚作"燃烧器"的这种快中子反应堆（FNR）。这种反应堆消耗常规核电站所产出的以及拆除核武器所形成的金属钚，从而提供民用电和工业用电，它比压水堆少消耗1/100～1/50的金属铀。这是一个很有意义的观点，同时对继续研究快中子堆，包括EFR-欧洲快堆、俄罗斯熔铅冷却快堆(BREST)和其他堆型的设计理念给予了公正的评价。1 300 MW超凤凰快中子堆的商业化运行证明，该堆型的设计理念在技术上可行、经济上适用，环境更清洁。到1997年新当选联盟政府中反核绿党成员们实施政治"中伤"时，这种堆型设计的反应堆已经运行了十几年。因此，我们应当继续研究和发展快中子反应堆。

电力生产与环境

对燃油电站、燃煤电站和核电站的影响进行比较时，我们可以考虑：一座 1 000 MWe 级电站按每年运行 6 600 小时和生产 66 亿千瓦小时的电计算：

所以，一座核电站每年产出大约 15 立方米的固体放射性废物，其中一部分可以回收。核电站实际上对大气没有污染。

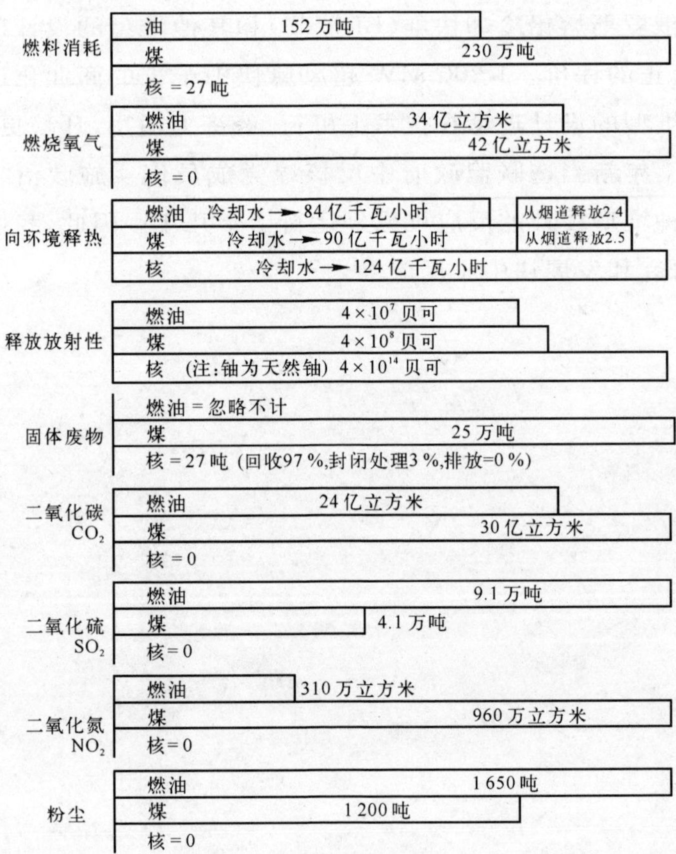

第 15 章 可避免的错误

“使人们快乐的惟一方法就是改善他们的生活。”

安德列-玛丽·安培[87]

即使核能有着不可否认的环境优势和经济优势，我们也不应该忘记公众的健康利益，我们应该把保护地球永远放在第一位，放在行业的经济利益之前。有些错误是绝对不应该发生的。那些继续忽视公众意愿的人迟早会彻底失去信任，受到公众舆论的谴责，事实正好也是如此。下面是一些应该避免发生的错误，不得作为榜样来仿效：

[87] 电的开山祖师，将自己的名字安培作为电流的单位。

隐瞒或扭曲事实真相(提供假信息):我们既不应该忽视核事故的重要性,也不应该否认存在放射性泄漏的可能性,更不应该抱不被发现的侥幸心理,肆意向海洋或周围环境排放人造高放废物。对公众隐瞒实情从来都不是个好主意。我们必须实事求是,用摆在我们面前的全部有效数据做决定。核电具有优势,所以全球范围建起了许许多多的核电站。如果这些核电站实用、有绩效,那我们就应该为之骄傲并实话实说;但是这些核电站必须受到认真监控,在最佳工况下运行,同时小心谨慎,确保任何可能的污染都被限制在一定的范围内。如果某一天证实这些核电站存在严重而又不可解决的问题,那我们就必须要有勇气去修正我们的管理方向,寻求更好的解决办法。公众社会、科学家和环保主义者对所有可能的不测事件必须保持开放心态,在充分弄清楚事实的情况下,公开进行各种观点的比较,然后做出最佳可行的决定。

武断的批评主义、抱怨不休、图谋策划和说假话都绝无好处。只有相互尊重,相互交流各自观点(即使我们达不成一致意见也无妨),我们才能够建立起一个适宜于居住的愉快世界。欺诈解决不了问题,只能使问题变得复杂化。关于能源和核电的决策,公众社会、政治家、实业家、记者、医生、科学家和环保学家拥有被告知、了解真相和参与讨论的权力。

一个最典型的例子就是对公众所关心的食品中的放射性问题不通报。对于这个问题,世界上有一些国家对放射性的标识没有强制性规定,或者虽有强制性规定,却没有认真执行。所以,每年有数千吨经辐照处理过的进口水果被那些关注自己健康的人们所食用,他们对自己食用的芒果、香蕉、木瓜以及鳄梨被辐照处理过而毫不知情。这样的水果不但失去了部分维生素成分,而且还含有少量的称之为"辐照分解剂"的外来化学物质。

关于核电的立法及其应用应当是一个国际性的问题。换句话说，一个国家最好的法律应该能够直接涵盖尖端领域内的其他一切问题。因为最终每一个人，也就是说普通老百姓，你和我，都要承受这些尖端领域技术所带来的后果：这种情况下，食品被辐照与否，我们无法选择，只得消费这种比新鲜产品质量更差的辐照产品，甚至可以说，我们没得选择，或者完全不知情。

危险物质的走私贩卖：放射性废料，不应该像时有发生的剧毒化学废料那样，通过可疑的国际交易非法储存或处置。危险物质在密切监控下的合法运输和储藏比这类物质的非法运输要好。在使一些中间商不正当发财以后，这些废料最终被直接倾进大海或是被倒进垃圾堆积场进行填埋，既不对邻近地区的居民又不对现场的员工采取任何保护措施，这些人常常根本没有意识到，自己正在处置的废物具有毒性。所以，讲清楚风险并尽量多采取一些保护性措施，比起靠相信在装有危险物料的料桶上粘贴手写标签这些花招来总是要好一些。那些不能公开说和公开做的事就根本不应该去做。

地球的荒漠化：尽管某些大国制定了部分核裁军政策，但核战争的风险依旧存在，需要我们采取措施，不惜任何代价去避免。拥有核武器的国家的数量在增加，包括一些政府执政能力非常脆弱的发展中国家。即使在世界上任何一座城市的上空爆炸一颗原子弹，其后果远都比几百座核电站运行好几个世纪的风险严重得多。

然而，越来越多化学和/或放射性废物的大量扩散，不知不觉中形成了加剧地球污染或者使地球逐渐荒漠化的风险。前苏联在几十年里根本没有担心过自己国家的环境，有时候甚至将核废物倾倒进大海，包括核潜艇上的整座反应堆、乏燃料元件和装满放射性物质的料桶，就如他们在抛卸自己的化学废物、核废料和其他废料一样，这是让人不能接受的。我们必须看到，通常人为放射剂量并没有严重超出环境中存在的天然放射性水平。

即使当前来自核电站的人为放射性限值确实保持在可接受的限值范围内，我们也必须确保废物排放一定要受到严格的限制[88]。

特别重要的一点是，只要全球范围内越来越多核电站投入运行而且我们也开始拆卸结束运行寿期的反应堆，我们就可以预测出排放进环境中不断增加的人为放射性。我们必须遵守排放限量规定，警惕超量排放。我们必须进一步加强与公众的沟通与交流，表明我们的观点，同时尽可能提出国际性建议，这样，我们就能朝着正确的方向共同向前推进。我们且莫忘记我们共同拥有一个小地球。让我们都来共同保护它吧。

危险的核军备之路：我们储备的核武器的数量足以使地球毁灭许多次，然而我们还在继续生产囤积，这是多么的荒唐可笑。大多数核大国已经认识到了这一点，并且正在削减各自的核武器库存；但是，有些国家仍然还在制造核武器或者试图得到核武器。所以，我们大家必须尽全力去限制核武器的扩散。

另一方面，反应堆带着风险继续运行（如设计落后的前苏联大功率沸腾管式反应堆），这同样荒唐可笑。无论核电站还是核生产设施，只要有可能增大核扩散风险，我们就不应该建造；我们知道还有其他的解决办法，而且从环保、军事和经济的观点看，这些办法会更好。我们必须尽最大可能，为中东欧国家关闭他们那些缺少核安全的核电站创造条件，教会他们更好地管理自己的能源（大量的原油被浪费，许多天然气管线泄漏等等），同时帮助他们建造符合现代化电站各项安全指标的新电站。

疏忽大意：切尔诺贝利核事故向我们表明，最起码安全措施

[88] 过去10年间，美国和欧洲核电站的放射性排放相比于从前生产相同电能的排放来，已经减少了大约1/5。在法国，放射性的排放现在大约是允许值的1%。工业界的其他部门能够以这样的治理结果自豪吗？实现这样的进步在于改进了规章程序和监督。我们应当继续朝着这个方向去努力。

的疏忽大意和漠不关心将会导致多么大的危害。在某些工况下的运行，尤其是操作高风险行业的生产设施，这样的疏忽大意就是一种犯罪。坚持不懈地关注安全和改进工作作风，从电站设计到运行及退役，实现“零缺陷”标准，尽一切可能做好工作，这就是我们的目标。这个目标必须深深扎根于我们的脑海，使工程技术人员和政府部门工作人员都形成这么一种工作习惯。

一方面，对那些漠视环境、隐瞒各种污染活动的工业企业家，我们绝不赞赏；另一方面，对那些好辩、不依不饶、反对任何工业活动并坚持让一切事物停滞不前的环保主义者，我们也不支持。工业企业家应当像环保主义者一样，关注公众健康和核事故的预防；后者的作用是与安全管理部门（必须独立于电站运营商）一起，当面临电站漠视安全或危险情况时，参与调控、干预，甚至拒绝允许其运行。从而全社会将受益于最具安全的核技术的各项优势。

第16章

提供有益信息，反对假消息

“人类在权衡进步中挣扎，
没有完全被征服。
人类还没有充分认识到
自己的未来完全掌握在自己的手中。”

亨利·伯格森

在一个民主社会体制下，选举百姓自己的政府来决定自己的未来，这是一件很普通的事。为了能够使选举在充分了解事实真相的前提下进行，我们必须尽可能向公众通报各项重要事物。信息是民主的条件。核电站在一个国家的环境体系和经济战略中的位置，必须进行公众论证，整个国家的未来系于这个生死攸关的问题上，所以公众在这个领域具有与其他领域一样的发言权和知情权。自从进入核时代以来，这方面已经取得了很大的进步。退回到20世纪开始核医疗应用那个令人振奋的时期，那时“放射性成了万能的灵丹妙药[89]”，随后不久就发生了广岛和长崎原子弹爆炸大灾难。冷战期间，每一项核应用都被视为军事秘密或国家秘密，公众社会的知情权被剥夺。人们无法公正判断来自军事的、政府的和核工业的信息是否可信；这些部门并不总是正确通告实情供人们做自己的选择，所以人们的选择常常与政府的各项决定没有关系。

今天情况已经发生很大的变化。政府和电站运营商都在尽力向公众社会通告核电站运行的全部详细情况。核电站可以供人们参观，并设立了公众信息中心，为来访者提供文字性的、视频的和其他形式的信息；这是 20 年前完全没有的事儿。政府部门、工业界、研究院所、医务人员和学术团体必须向公众社会宣传核电、核电的优势以及即使可能性极小的风险。

这样做，需要彻底开诚布公。信息，在危急时刻才更加显示出它的重要性，此时每一个行动或每一句话所产生的影响都会随着公众的苦恼与情绪被显著地放大。危机事件或突发事件的管理主要体现在两个层面：技术处理（现场）和向外界公开信息。从技术上讲，必须尽快做出决定，救助人类生命，同时必须采取措施，确保反应堆安全停堆，使堆芯继续冷却，从而保护公众社会安全。假如存在泄漏风险，那就需要使放射性泄漏限制在一定的范围内。在信息方面，必须建立起与外界交流和沟通的网络，首要的，也是最重要的是请求救助人员和主管部门，而且也要通告媒体和社会。在法国，应急计划

[89] 那是一个令人们相信放射性越强对人体的健康就越好的时代。那个时候，不实之词的放射性优点被商业广告巧妙夸大。广告声称，从头痛病到风湿病都可以采用放射治疗。这样的错觉却在突然经历广岛事件后不复存在：从此以后，放射性疗效的说法在广告中销声匿迹，或者干脆瞎说不存在放射性。我们消费社会中这两种情况下的商业机会主义对公众的相应知情权毫无帮助。

充分程序化:ORSEC-RAD 紧急方案(ORSEC 一套处理重大民事紧急事故的计划,ORSEC-RAD 是一套类似于处理辐射紧急事故的计划),设计了一份"特别行动方案"和一份"内部紧急行动方案",这些方案规定了在核设施现场发生事故情况下需要采取的各项措施和如何组织协助和支持工作。无论是在技术层面上讲还是在公众信息方面讲,权威性和公开性对任何紧急事件或事故(无论核事故还是非核事故)的管理至关重要。

"权威性"是指事故现场执行技术协调和与新闻媒体对话的人员必须具有充分的能力和资格。这就是说,处置预见紧急事故的程序必须先行编制完善,程序中必须包含处置准备、人员培训、实战演练、相关知识和人员编制。

"公开性"就是指业界人员、主管部门和公众社会必须能够迅速准确地获知有关事件进展、救助实施等信息情况。这就要求对发生的事件实施专业化处理、履行有效的状态控制,同时配备资深公关人员,处理相关事件的公众意见,以防发生极端事件,做到:既不封锁消息,也不夸大消息或者耸人听闻,不过低估计危险,也应当帮助公众恢复信心,这样社会恐慌就可以避免。当发生切尔诺贝利核事故时,几千千米以外的民众产生了恐慌。他们并没有真正处于危险境地,仅仅只是不知道正在发生什么事儿,他们觉得有些什么事儿被瞒着。其实,他们根本没有任何危险,他们只是不清楚自己是有危险还是没有危险。

主管部门应该讲出事情真相并明白无误地解释正在发生的事儿。例如,使人们知道核事故的类别、哪怕是可以想像得到的最严重的民事或军事核事故,也必须让人们明白,地处 100 千米以外的区域,受辐射或污染的风险非常小;除了直接位于核事故区域顺风处可能有一定风险外,公众的生命和健康根本没有危险。相关信息必须向社会及时传达,延误信息将加剧社会的不安,甚至使人们得到相关部门对事件处置不力或者还在秘密掩盖的印象。所以,公开的信息必须真凭实据、客观准确,并尽可能以不可否认的真实数据和事实为依据,通过第三方提供的照片、文件资料、测量数据等加以验证;事件的处理是否完善成功,取决于问题的处理是否在公开和坦诚条件下进行。

切尔诺贝利核事故后不几天,前苏联主管当局试图隐瞒核事故真相,并且还想最大限度地进行淡化处理。最后我们看到的结果是:组织现场技术支持的时间丢失,国际舆论一片恐慌。处理这类核事故的最佳方式应该是,尽快组织训练有素的现场干预调度人员,使社会了解全部实情。不了解情况的新闻人员掺和宣传,将会使局面变得更加糟糕。谎言一文不值,即使某些人以为自己能够在短时间内靠撒谎而处于有利地位,但早晚事实会浮出水面,世界上没有谁喜欢受人蒙骗。如果事件信息,尤其是核事故信息被人为隐瞒或轻描淡写,那么电站运营商和政府的诚信就已经濒于危险境地了。

在实施救助和公众信息沟通方面,切尔诺贝利核事故中不应该发生的事情为我们提供了一个实实在在可借鉴的经验。前苏联主管当局在核事故之后好几天也不公布真相,直到几个欧洲国家监测出放射性剂量水平的提高后,前苏联主管当局才只好公开承认该事故的严重性。而这时,反应堆内的放射性还在继续随着大火向切尔诺贝利周边的大气中、人群里释放,特别是大量排泄进普里皮亚特(Pripyat)市,不用说就知道,普里皮亚特市已经遭受到了严重的污染。还好,前苏联主管当局最终采取了一种较开放的态度。大火被扑灭了,放射性物质的释放很快被控制住,但损害却已经发生。切尔诺贝利是一次悲哀的事故,但又是一次真正的教训。这次核事故本能够而且本应该避免，事故发生后亦本能够而且本应该处理得更好一些，但情况却并非如此。愿我们当代人和子孙后代不仅要建造更安全的核电站，而且要更安全地操控运行，不要犯同样的错误。

第二部分
核能与环境引发的问题

核电史主要数据

公元前 341—270 年：希腊哲学家伊壁鸠鲁(Epicurus)提出的世界上壹和零、原子和空洞的观点能够诠释所有的自然现象(他是正确的)。按照他的观点，原子是不可分的、不可变更并且永恒不变(这一点，他是错的。只是在他之后很久才发现，原子的内部结构包含电子、质子和中子，而且这些电子、质子和中子通过核反应而发生转换)。

1775—1836 年：安培(Ampère)发现了电流。他的名字现在被命名为电流的单位。

1879 年：托马斯·爱迪生发明了第一只白炽灯泡。这只灯泡照明了 45 分钟，价值 40 000 美元。

1896 年：亨利·贝可勒尔(Henri Becquerel)发现了放射性。贝可勒尔现在用于表示放射性的单位：1 贝可勒尔为每秒 1 次原子衰变。

1898 年：皮埃尔和玛丽·居里(Pierre and Marie Curie)分离出两个新的放射性元素—钋和镭。居里最初被用于表示放射性的单位，现在用贝可[勒尔]所替代。当放射性剂量相当高，并且必须测定时仍然使用：1 居里＝370 亿贝可[勒尔]。

1903 年：亨利·贝可勒尔和皮埃尔以及玛丽·居里(Henri Becquerel、Pierre and Marie Curie)被共同授予诺贝尔物理奖。玛丽·居里获得 1911 年诺贝尔化学奖，她是第一位获得两枚诺贝尔奖的人。

1903 年：卢瑟福(Rutherford)发现了放射性指数衰减定律(放射性随时间衰减)并确证了半衰期概念。

1905 年：阿尔伯特·爱因斯坦(Albert Einstein)发表了相

对论和质能当量理论（$E = mc^2$）。

1913 年:尼尔斯·玻尔(Niels Bohr)提出了一个现代经典的原子行星运动模型,按照这个模型,他认为负电荷的电子沿轨道绕正电荷的原子核运行。

1919 年:获得 1908 年诺贝尔化学奖的卢瑟福(Rutherford)发现了使氮变换成氧的人工核转化过程。

1934 年:伊伦和弗雷德里克·约里奥-居里(Irene and Frédéric Joliot-Curie)发现了人工放射性。他们因该项发现而获得 1935 年的诺贝尔化学奖。

1942 年:首次链式反应由费米(Fermi)在美国(芝加哥大学露天体育运动场)实现。

1945 年 8 月 6 日:在广岛和长崎(三天之后)首次使用原子/核武器,这是一次人类的大灾难,10 多万名日本平民殉难。这次灾难结束了第二次世界大战（或许也避免了日本的入侵危机,原计划这次入侵于当年 11 月实施)。

1951 年:美国的一座试验中子堆发出第一度核电。

1955 年:第一批商业核电站建设开始启动:苏联的奥布宁斯克(Obninsk)、美国的希平港、英国的卡尔德·霍尔,以及法国的马库尔。

自 1955 年开始:冷战（发展核武器军火库)开始并持续改进军用目的的金属钚生产厂,随后发展生产民用电的核电站。今天,在每个拥有核武器的国家,军用技术优先于民用技术。

1973 年:世界石油危机。作为回应,核能计划得到很大的扩展,尤其是在欧洲。核电成为一种战略财富,降低了发达国家在能源方面对产油国的依赖性。

1979 年:美国三里岛核事故。这一严重的核事故在美国国内产生了一次真实的心理震撼,从而促进了整个世界范围内的反核运动。这次核事故没有人死亡,只有微小的辐射照射,对环境也没有造成损害，因为(实际上全部)放射性被核电站水泥屏蔽结构有效地实施了屏蔽隔离[90]。这次事故之后，西方核电站的安全性得到了很大改进，从此对核安全和核事故的预防给予了极大重视。

1986年4月：乌克兰切尔诺贝利4号机组核事故，放射性裂变产物释放进大气中。大气中上升后的放射性（主要是碘-131）剂量在数千公里之外也能探测到，但只有对那些生活在电站附近以及居住在顺风地区的人群才会产生重大的健康问题。这次核事故极大地动摇了国际公众社会的核观点，而且反核运动仅一两年后就发展壮大了起来（如辐射防护—临界安全在法国创建。实际上世界范围内各个地方的环保运动都从政治上得到了加强）。

20世纪末：几乎世界上20%的电、法国80%的电都来自于核电(全世界大约有450台核电机组在运行)。鉴于大多数发达国家(欧洲、美国以及中欧和东欧等国家)已为自己目前的电力需求建造了足够多的核电站，因此新核电站的建设计划被缩减。多数西方国家仅维护改造自己目前现有的核电站，没有建造新核电站。另一方面，亚洲(特别是日本、中国、印度、韩国、泰国和印度尼西亚)仍在兴建新的核电站。总体上说，全世界运行中的核电站总座数在过去的几年里没有多少变化，但从21世纪开始将有所增加。这个时期的核能环保效益将变得更加清晰，政治家们开始认识到，除了核电，没有其他更清洁的可替代能源能够替换具有污染的矿物燃料，全球性的警悟效果变得越来越明显。

---

[90] 在三里岛，释放进大气中的辐射剂量比切尔诺贝利核事故释放的大约低10^{-6}量级，切尔诺贝利核电站的建造设计没有屏蔽隔离结构。三里岛核事故导致周围天然放射性水平仅有少量上升，对健康并不构成重大威胁。

什么是原子？

原子由原子核和电子构成。组成原子核的质子和中子数量上大体相等，电子沿轨道绕原子核运行（每个电子带的电荷等于-1.6×10^{-19}库仑）。电子数量与质子数量相等（实际上每个质子都带有一个等于$+1.6\times 10^{-19}$库仑的反向电荷），故原子是电中性的。

原子是构建宇宙的单元。宇宙中大约仅有100种不同类型的原子（我们称这些原子为元素，它们按门捷列夫周期表排列）。大多数元素都很稳定（例如大气中的氧和氮；碳、氧和氢是构成我们人体和所有其他生命有机体的最重要成分）。其他元素，主要是重元素，极不稳定，可自发裂变成其他元素。我们把这种转变称为核反应。人工核反应同样可以由各种外力所形成。核能可以通过两类核反应释放出来：聚变和裂变。如果一个大的原子核分裂成两个小的原子核，我们就称其为原子裂变；如果两个原子核结合在一起，形成一个大的原子核，则称其为原子聚变。第一次人工促成的核反应是1919年卢瑟福采用α粒子射线轰击氮，使其转化成氧，实现聚变。

这些不稳定的元素具有寿命长的特点。例如铀-238，大自然中到处都存在，分裂很慢，需要数十亿年才能分解完（在本书后部分我们将其解释为半衰期或者放射性周期）。地壳中存在着铀-238的时间要追索到大约50亿年前星球的形成时期。由于铀-238的寿命长，因此它在地壳中的储量仍然相当大。平均说来，我们可以在每吨火山岩中找到大约4克铀-238，每吨花岗岩中也有大约20克，那么相应地，花岗岩地区的天然放射性就会很高。铀矿矿石中的铀含量要高一些，从1

到10千克不等；尤其是富矿中的铀含量可以达到50千克/吨矿或者更多。

其他元素的寿命较短，如镭-226（半衰期1 617年），氡-222气体（半衰期3.8天）甚至极短半衰期的钋-214（0.000 16秒）[91]。铀-235是核电站的基本燃料，也存在于大自然中，同样可溯源至50亿年前地球形成的年代，但是它又比铀-238衰变得更快一些（半衰期相当短）。现在天然铀中铀-238的含量为99.3%，铀-235的含量仅为0.7%。

为了使铀-235能够用于压水堆，我们必须使铀-235的含量提高到至少3%，我们称其为富集。只有重水堆（如加拿大坎杜堆）才燃烧天然铀。

然而，宇宙中大多数普通的原子反应并不以铀为基础，它涉及到星系中心的氢原子聚变产生的巨大能量。太阳中心释放的能量通过太阳体向外扩散，以光的形式向外发射，从而使地球变得温暖。至今，受控核聚变只能在特殊设计的装置中实现，并且只能维持一两秒钟。不过，科学家及工程师们仍在为之继续努力。如果真的能得到控制，那么核聚变能可能就是未来的能源。

整个星系内，每一秒钟有几十亿次核聚变在发生。例如，铀，最大可能是发射α粒子射线而发生自然转换，但是自然裂变，事实上，往往却非常少见。今天，在我们所处的星球上也存在着这种天然裂变的放射性。这是宇宙不息演变进化的证据。多谢这种天体和星系的原子化学才成就了今天生命的孕育和出现，从而产生了我们今天能够在神奇地球上所发现的各种元素。

---

[91] 镭、氡和钋是放射性元素，大自然中到处或多或少地存在。它们是铀和钍自然裂变的结果。

20 世纪的重要成就不是发明了核反应(它们从宇宙诞生以来就已经存在于地球和宇宙中),而是人类具备了认识、制造和控制核反应的能力。20 世纪物理学的发现,事实上使人类能够掌握和自发制造核裂变,从而去掌握这种巨大的能量为我们人类所支配。合理应用好这些新技术和新工业的研究成果,对我们人类是一个挑战。

核裂变的基本原理

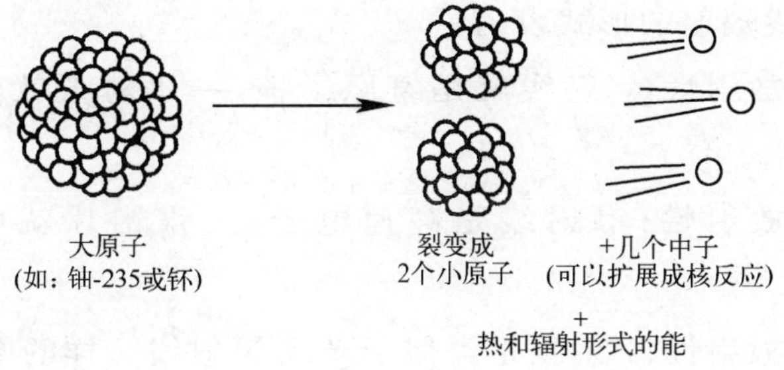

核聚变的基本原理

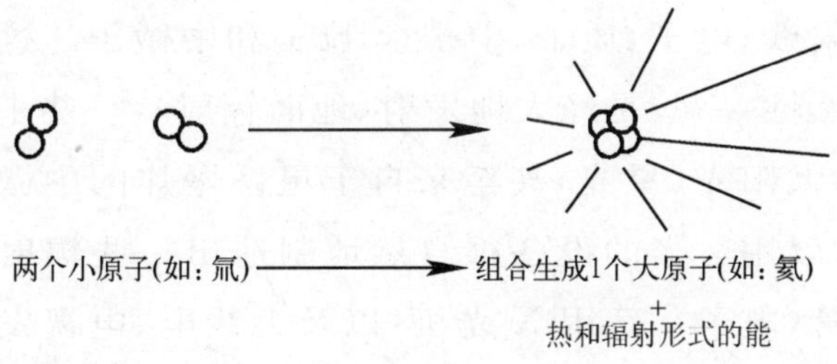

什么是放射性？

什么是辐射？

放射性是一种自然现象。在核放射衰变过程中，能量以α，β和γ射线辐射的形式发射：

— α放射性：α射线就是氦原子核，一张薄纸就可以将其隔离；

— β放射性：β射线是高速电子，一张铝片就可以将其隔离；

— γ放射性：γ射线是类似于光或X射线一样的电磁波，虽然波长较短，但更具有穿透性，只能用足够厚的铅或其他重金属屏蔽或具有相当深度的水、特别厚的泥土、或水泥才能将其隔离。

我们生活在各种各样实实在在的**放射性**之中，但毫无察觉。例如：紫外线辐射、红外线辐射和可见光辐射；雷达波、微波；电视和无线电波（甚高频**VHF**、超高频**UHF**、长波、短波等等）；X射线和γ射线；电子、质子、中子；α粒子和中微子。这些辐射全都具有天然性，一些是经大地发射（地面辐射），一些来自于天空宇宙射线、太阳光、星光，甚至来自于星系爆炸的中微子。事实上，我们可以用适当的设备很自然地制造出一些辐射：灯泡（光源）、示波管（电子）、医用X光机，以及无线电、电视发射器及其天线。在粒子加速器或核电站发生的核反应过程中，同样也发射出辐射线。没有天然辐射，世界就不会是现在这个样子。凭我们的感知力，我们仅能察觉到一小部分这样的辐射（我们看得见可见光，感觉得到紫外线和红外线光的温度）。但是在各工业领域和我们的日常生活中却存在着许许多多各种辐射的应用实例:电视、无线电、电、计算机、通讯、人造卫星、电影、录像、移动探测、激光、家用安全报警系统,以及可见呼叫接收遥控装置。简言之,宇宙和现代世界上的一切事物恰恰都是辐射物质。

当原子核反应并转换成一次核反应时,能量则以粒子、热能和辐射的形式发射出来。我们在这里所关注的主要是电离辐射,能量大到足以使电子从常规轨道中发射出来并使周围的物质(无论是生命细胞还是金属结构)都造成损害。

地球表面的宇宙辐射,是由大气顶部高能粒子的轰击产生的,主要来自外层空间的质子。有一些是星系爆炸后的碎片,但我们却不知道这些粒子如何获得这样高的能量;还有一些是太阳从太阳风暴中发射出来的。当宇宙辐射到达地球表面时,它所包含的主要是具有穿透性的亚原子 μ 介子(muons)。除了说明这些粒子对电离辐射的 α“本底”产生不可避免的影响外,我们将不会进一步去关注这些宇宙线。

一定量的“本底”电离辐射来自于土壤、大气以及我们身体中的天然放射性。

大剂量的电离辐射可能改变或破坏有机世界复杂而又脆弱的分子。每个生命细胞核中发现的脱氧核糖核酸酶(DNA)[92]分子都可以被强剂量的辐射所破坏,从而可能造成染色体异常增多,患癌症、白血病的风险增大;它还可能对孕妇腹中的胎儿构成一种特殊的威胁。因此,大剂量的电离辐射照射非常危险。

核武器爆炸时,产生大量的放射性裂变产物并全部散落到

---

[92] DNA:脱氧核糖核酸酶是遗传信息的依据。把经过大剂量辐照照射(大约 10 Sv,致命性剂量)后的人类或动物细胞放在显微镜下进行观察,可以发现染色体显示异常。这种情况下,染色体(包含 DNA) 分裂或显示的某种异常则与辐照剂量水平有关。当较低的天然辐照剂量时,不存在特别风险,在显微镜下,也没有观察到染色体异常,从来没有数据显示出低剂量辐照照射后的有害后果。

了周围的环境中。裂变产物通过电离辐射可以杀灭或杀伤这个环境中的人类和其他有机生命体。相反,核电站形成的放射性裂变产物被封闭隔离在反应堆内,既不会对运行人员造成辐射污染,也不会对当地居民或环境造成污染危害。因此,这样强烈的放射性只要被屏蔽隔离,它对生命就不会有危险。从一座运行完好的核电机组所逃逸出来并进入环境中的放射性剂量非常小,实际上比天然状态下存在的放射性剂量还要小很多;此前已经说明,这样小的剂量对公众绝无危险。

为了保护环境和所有生命机体免受大剂量电离辐射所致的伤害,我们必须坚决禁止爆炸任何核武器,因为爆炸核武器的后果只能是毁灭。我们在建造和运行核设施时,必须最先考虑。

我们如何才能保护自己免受放射性和辐射伤害?

可以用非常简单和众所周知的方式保护我们自己免受辐射伤害:

屏蔽隔离:放射源释放出来的辐射可以通过适宜的屏蔽隔离减弱或阻断。一张薄纸就足以阻断 α 射线,一张铝片可以阻断 β 射线。X 射线和 γ 射线可以用铅屏蔽装置或一张较厚的不锈钢板、泥土或水泥阻断。为达到保护医护人员,一般采用铅材料将装有 X 光发射管的医用放射设备的外层包裹起来。我们尽可以放心地站在装有地球上动力最强大的核反应堆的厂房外而无任何危险,因为反应堆已经用很厚一层钢板屏蔽隔离,外壳还有一层厚约一米的加强性钢筋混凝土封闭结构。

封闭隔离:这是指将放射性物质封装在使其不能逃逸出去的空间内。例如,铀、钚和裂变产物,用核燃料棒包壳进行封装,核废物可以用气密容器进行封装。如果核燃料棒和反应堆压力容器发生泄漏,放射性仍然被屏蔽隔离在这种封闭结构内[93]。

相反,当一颗原子弹在大气中爆炸时,放射性颗粒根本没有被封闭隔离,而是通过爆炸向四周大量散射。所以对人类来说,一颗军用原子弹爆炸不仅令人憎恶,而且对环境也特别有害。

距离隔离:离辐射源越远,接受辐射的剂量就越低。尽量远离辐射源,我们就可以使辐射的剂量降低到实际可以忽略不计的程度。如果我们离辐射源的距离达 100 倍远,那么我们所接受到的辐射剂量将降低大约 10^{-6}~10^{-4}。

消散与稀释:从另一个角度讲,被风吹刮进大气中的放射性

---

[93] 切尔诺贝利灾难如此之大是因为没有封闭隔离结构。

颗粒，就如切尔诺贝利核事故带来的情况一样，随风和雨消散：风把受污染的气团带往四周，放射性颗粒受到雨水洗刷，使其沉降在地面上。接近核事故现场的人员或直接位于顺风处的人员受到污染的风险就最大。离得愈远（数百千米以外），载带放射性颗粒的云团就越易消散，放射性也就越易被稀释。

时间：按照特征指数定律，每种放射性同位素的放射性都会随时间的延长而衰减。对半衰期短的放射性同位素，封闭隔离放射废物的问题仅仅是放置一段时间就能解决。释放进环境中的放射性不仅可以随时间衰减，而且还可以消散到更大的空间。切尔诺贝利核事故就是这样的情况，自核事故以来，那里的放射性已经大大降低[94]。

---

[94] 1986 年，切尔诺贝利核电站拥有 4 台运行的反应堆机组，另外还有两台反应堆机组正在安装建设中。4 号机组在核事故中被毁坏。到 1993 年前后，核事故产生的放射性已经减少到 1，2 号和 3 号机组可以再次启动运行并为恢复乌克兰经济建设提供急需能源的程度。此时，覆盖 4 号机组的水泥浇铸已彻底完工，在隔离区域外建起了一座卫星城，同时还修建了一条运载员工往返于核电站的铁路。出于安全原因考虑：重新启动没有防事故外壳建筑的废弃反应堆似乎不合理，这种没有防事故外壳建筑的废弃反应堆被证明缺乏安全性，派遣数以百计的人员返回仍然还有放射性的现场工作，实在是不合适。各主管部门根本没有考虑到这项行动是否对公众的安全适宜，只有从迫切的经济上来考虑时，对这项行动的评价才似显公正合理。

辐射的几种不同形式：

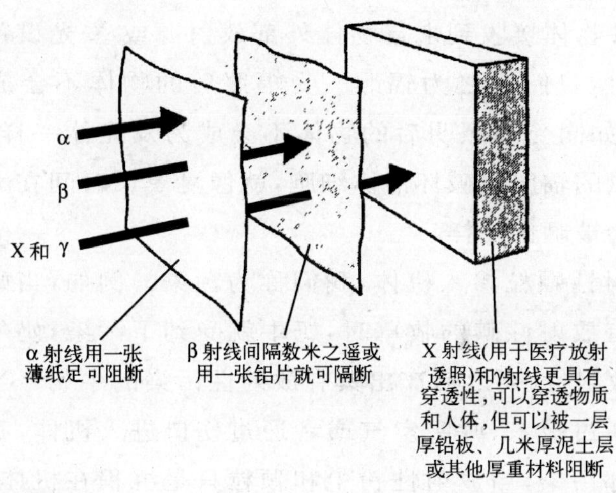
α
β
X和 γ
α射线用一张薄纸足可阻断
β射线间隔数米之遥或用一张铝片就可隔断
X射线(用于医疗放射透照)和γ射线更具有穿透性，可以穿透物质和人体，但可以被一层厚铅板、几米厚泥土层或其他厚重材料阻断

辐照与辐射污染之间的区别

经溢光灯照明的一件物体自已本身不会成为发光体，即当溢光灯关闭时该物体不发光。同样，受电离辐射照射后的一件物体也不会成为放射体。

— 当一件物体接收到来自物体外部放射源或X光设备的电离辐射时，我们称之为辐照。受辐照后的物体不会成为放射体，就如同受到照明后的物体不会成为发光体一样。不过，大剂量的辐照将破坏活体细胞，就像夏季长时间在太阳光曝晒下会被晒伤一样。

— 当放射性颗粒渗入机体，我们称为污染。例如，当奶牛吃了沉积有放射性碘的牧草时，奶牛就受到了污染，奶牛体内贮积了放射性碘，之后产出具有放射性污染的牛奶。当放射性颗粒通过吸入、呼吸空气或者通过伤口进入机体，我们称之为内部污染；当放射性粉尘和颗粒只是沉积在机体表层时，我们称之为外部污染。对于外部污染，我们只是简单淋洗一下就可以完全清除，相反，内部污染就可能对机体本身造成长期损害并且可能很难消除。

在核事故发生期间，受害者既可能接受到放射性物质或中子发射的射线照射，也可由于吸入了放射性粉尘、呼入了放射性颗粒或气体，以及食用或饮用了受污染的食物或饮水而遭受到内部或外部的辐射污染。核消防队员穿上气密外衣(这种气密外衣用后便被废弃)、戴上可过滤粉尘的面罩，就能够避免遭受到放射性污染。

铀-235 的自然衰变

铀-235 天然存在于大自然中，发射 α 射线并衰变成钍-231。下表所列的每种元素在发射 α 和 β 射线后自然衰变成下一系列的元素，直到衰变为本表底栏的元素——铅-207 才稳定下来。

放射性元素	半衰期	年摄入限值[95]	射线类型
铀-235	7 亿年	200 贝可	α
钍-231	25.6 小时	20 M 贝可	α
镤-231	35 000 年	6 贝可	α
锕-227	21.6 年	6 贝可	β
钍-227	18.2 天	1 000 贝可	α
镭-223	11.7 天	3 000 贝可	α
氡-219	3.9 秒	-	α
钋-215	0.002 秒	-	α
铅-211	36 分钟	-	β
铋-211	2.2 分钟	-	α
铊-207	4.8 分钟	-	β
铅-207	稳定	-	无

[95] 成年人每年摄入放射剂量限值，单位：贝可[勒尔](Bq)/年。

铀-238的自然衰变

铀-238天然存在于大自然中，发射α射线并衰变成钍-234。下表中每种元素在发射α和β射线后自然衰变成下一系列的元素，直到衰变为本表底栏的元素——铅-206才稳定下来，此后不再进一步衰变。

放射性元素	半衰期	年摄入限值[96]	射线类型
铀-238	45亿年	200贝可	α
钍-234	24天	600 000贝可	β
镤-234	1.2分钟	-	β
铀-234	250 000年	100贝可	α
钍-230	80 000年	60贝可	α
镭-226	1 617年	2 000贝可	α
氡-222	3.8天	360 000贝可	α
钋-218	3分钟	-	α
铅-214	27分钟	-	β
铋-214	20分钟	-	β
钋-214	0.000 16秒	-	α
铅-210	19.4年	-	β
铋-210	5天	-	β
钋-210	138天	-	α
铅-206	稳定	无	无

[96] 成年人每年摄入放射剂量限值，单位：贝可[勒尔](Bq)/年。

氡-222，气态元素，是天然铀-238 α 射线衰变的产物；是当今大气中最主要的天然放射源。自从 40 多亿年前我们地球诞生以来，氡元素就已经存在于大气之中。氡气随我们呼吸的空气进入我们人体的肺部，天然剂量的氡没有危害。

在含铀量多的土壤里，氡气的浓度要高一些。大气中氡的浓度极易随气候的变化而变化：风几乎很快就将土壤中释放出来的氡气吹散，不过，大气压的突然下降往往会迫使氡气又从土壤里冒出来。建筑物中天然氡的浓度完全没有危险，但是特殊环境中氡的放射性水平可能超过现有的放射性规定标准（非常低并且远远低于危险水平）。这就使得人们在自己的房屋中安装氡气过滤装置，尤其是在瑞典和美国。在绝大多数情况下，我们大可不必这样做。消除房屋里的氡气（包括冬季供暖和夏季空调）得支出一大笔不必要的开销，许多人正是被这种“惜财心态”所吓倒。

世界上的某些地区[97]，天然辐射的本底相当高，比平均水平高出约 100 倍甚至更高。生活在那里的人们似乎没有受到什么不利的影响；相反，这些天然辐射本底高的地区竟然享有对当地居民身体健康有益的美名，开辟的健康温泉疗养地时常有游人惠顾。最近，在辐照抗菌素刺激作用[98]领域内进行的观察就倾向于这种观点，即小剂量的天然辐照对免疫系统具有一种促进功效。

---

[97] 例如，瓜拉帕尼（巴西）、拉姆塞尔（伊朗）和喀拉拉邦（印度）。

[98] 众所周知，尽管大剂量的电离辐射对机体组织有害，（见下文“强烈射线照射对人体的影响”），但还是有证据表明，小剂量的辐射还是具有一定的积极效果的，这就叫做辐射毒物兴奋效应（与约翰·卡默隆（John Cameron）教授的信息交流）。

该现象相当普遍，某些少量的元素，即微量元素，对生命来说是必不可少的元素，但剂量大了就有毒性。同样，小剂量的药品具有疗效，但大剂量的药品即使不致死也很有危害。

我们如何测定放射性?

放射性用肉眼看不见,但使用适当的仪器设备如盖革计数器就可以精确测定出来。α,β和γ射线的测定需要使用不同型号的探测器。探测器可以被制成具有很高的灵敏度,甚至单次原子衰变也可以探测出来。这种仪器的灵敏度很高,因此我们可以测出非常微量的放射性,甚至连远离切尔诺贝利核事故现场几千千米以外的放射性尘埃都可以测定出来。

辐射电离器和胶片的灵敏度要低一些,只能测定一段时间内的累积剂量。核工作人员佩带的袖珍式辐射电离器看起来像一支自来水笔,这样的辐射电离器要定期送到核电站卫生安检试验室进行监测。放射医务人员佩带的含有牙科薄膜的胶片式徽章,用于监测工作人员个人接受到的射线照射情况,这种胶片徽章要在使用一周或一个月后进行冲洗和扫描处理。

放射性与辐照的计量单位

辐照、污染、放射性活度、剂量、照射率、剂量当量、雷姆、贝可[勒尔]、居里、希[沃特]、雷姆/年、戈[瑞]、拉德,等等。很显然,外行人(非专业人士)可能会发现,要明白这些放射性的剂量单位非常困难!例如,一个非专业人士怎样才能分辨出不同种类放射性之间的区别,从1居里到十亿(千兆)贝可[勒尔]、旧的剂量单位与新的剂量单位,到明确这些单位的倍数以及次倍数(毫、微、纳[诺]、皮[可],千、兆、吉[咖]、太[拉]、拍[它]、艾[可萨])?

事实上,用一些计量单位来明确规定辐射的特性,很有必要。现实应用中引入了一些新的国际协定,因此有几个放射性计量单位实际上是指同一件事物,显然这需要做一些解释说明。

实质上,一个样品的放射性是以每单位时间内原子衰变的次数而定义的。标明一个样品"放射性活度"的这个量,正式单位是贝可[勒尔](Bq):1 Bq=样品里发生1次衰变/秒。例如,食物放射性的测定就可以表示成Bq/kg[99]。

对某一类物体或有机体的辐射和照射后果影响,需要用其他的定义进行描述说明。

---

[99] 到20世纪80年代,放射性的单位一直用居里表示,没有使用贝可[勒尔](Bq);1克纯镭的放射性为1居里:即1居里 = 370亿贝可[勒尔],或1贝可[勒尔] = 27皮居里。

以戈瑞(Gy)表示的放射性剂量是测定一个单位质量受辐照后所吸收的能量:即定义为,1 Gy= 1 J/kg[100] 。

放射性活度(Bq)与吸收剂量(Gy)之间没有关系,因为,沉积在受照体内的能量剂量视放射性的类别不同而变化。例如,重α粒子沉积的能量比轻β粒子沉积的能量大很多。

测定人体受到辐射剂量影响的单位,使用的是希[沃特](Sv)[101]。

其他的关系也很需要,因为,即使同一吸收能量,不同类别的辐照都会导致或轻或重的损害。更多、更重的电离粒子,如质子或α粒子,沿其轨迹沉积浓缩后的放射性能量,比β射线、γ射线或X射线辐照释放的电子导致更大的损害。

希[沃特](有害性)和戈[瑞](吸收能量)之间的关系如下:

— X射线、γ射线或β射线:1戈[瑞] <-> 1希[沃特]

— 热中子:1戈[瑞]<—> 2~3希[沃特]

— 快中子和质子:1戈[瑞]<—> 10希[沃特]

— 重核和α射线:1戈[瑞]<—> 20希[沃特]

一定人群受到辐照的累积辐射剂量,通常以下列形式表示:

— 公众受到的射线照射,用毫希[沃特]/年(mSv/a)表示。接受到的天然放射性大约为1毫希[沃特]/年;

— 放射透照或医疗放射照相的剂量单位为毫希[沃特]/分钟(mSv/min)。1毫希[沃特]/分钟等于大约500 000毫希[沃特]/年。

---

100 戈瑞替代了原单位拉德(1 Gy = 100 rad或1 rad= 0.01 Gy),而且戈瑞/秒替代了伦琴,以前用伦琴测定辐射的照射剂量。

101 希沃特替代了雷姆,放射性测量单位,旧式用法但有时候仍然在使用(1希沃特 = 100雷姆;1雷姆 = 0.01希沃特)。

医疗放射照相使人们接受到的射线照射剂量大约比天然射线照射剂量高出100万倍，仅有零点几秒的射线照射。

尽管医疗X射线照射仅持续零点几秒，但非常微弱的天然本底是恒定不变的。平均说来，发达国家中个体接受到的医疗射线照射剂量和天然射线照射剂量相差不大。

治疗癌症采用放射疗法，使用的放射剂量相当高，但是照射的范围仅仅局限在癌患病灶处。

总而言之，用戈［瑞］和希［沃特］所测定的辐射剂量是一个累积值；就是说，相当于一辆小车行驶的累积里程为千米数。换句话讲，每单位时间的照射或剂量率是一个瞬态值，相当于一辆小车的速度以千米/小时表示。

辐照的安全与致死剂量

核标准和安全管理规定涉及几个概念：射线照射剂量限值，应用于正常周期；介入水平，核事故情况下的应用程度。照射剂量限值采用空气、饮水、食物和地面上各种元素（如放射碘或放射铯等）的最大允许剂量浓度（MAC）或年吸入剂量限值（AIL）来表示。这些限值因放射性元素不同而有区别，而且可能国家与国家之间还会有稍许变化。目前正在努力，争取对这些国际性标准进行协调。

例如，碘-131 年吸入剂量限值100 000贝可［勒尔］或铯-137 年吸入剂量限值300 000贝可［勒尔］，世界卫生组织（WHO）目前认为是可以接受的。而且，世界卫生组织还认为，将每升牛奶的放射剂量限制在2 000贝可［勒尔］以下没有必要。

在法国，碘-131 的最大允许剂量浓度为：空气＝7 贝可［勒尔］/立方米；饮用水＝ 40 贝可［勒尔］/升。而铯-137 的最大允许剂量浓度为：空气＝ 70 贝可［勒尔］/立方米；饮用水＝750 贝可［勒尔］/升。不过，计算允许剂量所使用的安全裕度很大，只有当放射性剂量高出大约 50 倍时才会出现早期症状。

成年人一次吸收的放射剂量低于 300 毫希［沃特］，不会有明显的射线照射后的可感觉迹象（胎儿吸收的放射剂量为 100 毫希［沃特］）。对一位核工业企业的工作人员来说，全年可接受的累积放射剂量为 50 毫希［沃特］，该放射剂量甚至比世界上某些地区所接受到的天然放射剂量值低 1/8，对人群没有可察觉的或者已知的影响。根据国际辐射防护委员会 60 号出版物

(ICRP 60)推荐,公众接受的人为照射最高剂量为50倍以下,即1毫希[沃特]/年[102],比世界上某些地区的天然放射性剂量水平低1/400。

一般情况下,人体一次接受射线照射的总剂量为300～700毫希[沃特]时,没有可见的外部症状,但是在接受照射后数周内,可观察到血细胞计数有一些轻微的变化。照射后大约三个星期,出现白细胞数量减少,照射后两个月,血细胞计数通常恢复到正常状态。

放射剂量在1希[沃特]时,我们观察到,轻微的无生命威胁症状即使不进行治疗也将自然消失:例如感觉不适、恶心、呕吐和发烧。照射后大约20天,出现暂时性的血液性变化:例如红细胞数量减少(贫血)、淋巴细胞数量降低(导致感染疾病的可能性增大)和血小板数量减少。这些变化反映出骨髓受到了损害。

当个体一次接受到的照射剂量大于2希[沃特]时,必须入院接受治疗;当接受到的放射剂量大于3希[沃特]时,出现明显的类似于太阳灼伤或皮肤变色症状。

50%致死剂量(LD 50)的定义是,射线照射的量,不经治疗,将导致接受射线照射后的半数个体人群死亡。对人类来说,LD 50就是3.5～4.5希[沃特]。

当放射剂量超过8希[沃特]时,接受射线照射后几天内将出现腹泻和呼吸困难;被诊断为数周内或数月内死亡,存活下来

---

[102] 平均说来,人类接受天然射线照射剂量为2.4毫希[沃特]/年,但是在某些天然放射性极强的地区,可知的放射剂量达到260毫希[沃特]/年。所以,发达国家最高的允许照射剂量几乎低于居住在伊朗、印度或巴西这些地区居民所接受到的射线本底剂量的1/100。伊朗、印度和巴西地区的天然放射性非常高。

的唯一机会是骨髓移植[103]。在日本东海村的临界核事故中(1999 年 9 月 30 日),有三名工作人员遭受到了严重的射线照射,估计有两名人员遭受到的辐照剂量达 17 希[沃特]和 8 希[沃特],因而死亡;他们的同事在离临界事故点几米之远,遭受到的辐照剂量约为 2 希沃特,得以幸存。

当接受到大约 10 希[沃特]的辐照剂量时,出现神经性障碍,如昏迷或神志不清。接受到这种程度的射线照射,死亡是不可避免的,而且是在几个小时之内死亡,当然也可能会延活数天或数月之久。

天然剂量的射线照射可以说完全无害,反之,受到大剂量+天然辐射年剂量的大约 200 倍时,出现早期症状。只有当一个人一次性接受到至少是正常平均年剂量的 2 000 倍时才会有死亡的危险。在射线照射后的两个月内,几乎所有接受高剂量辐照的人群都会死亡——血液原因引起的,大约 30 天后死亡;消化系统原因引起的,大约 1 个星期后死亡;而神经方面原因引起的,24～48 小时之内就会死亡。

以上所述是直接的辐照影响,但潜伏的辐照影响可能要在数年之后才会在他们身上显示出来。关于辐照,常常存在着许多说法,如,生育和胎儿畸形的危险等等。怀孕期间,尤其是怀孕早期,即怀孕前 3 个月的妇女,如果接受到严重射线照射,就存在着这种危险。这种情况下,如果胎儿接受到的一次性射线照射剂量超过 100 毫希[沃特],出现异常婴儿的概率就可能偏

[103] 淋巴球是帮助战胜病菌感染的血液细胞;通过骨髓分泌,体内血细胞中被杀灭的细胞首先是遭受到大剂量射线照射的细胞。在接受大剂量射线照射的人群中,淋巴细胞数量在一两天内出现实质性的减少,开始对病菌感染更加敏感,对病菌感染的防御能力不强,很像一名免疫性降低的病人或一名艾滋病患者,为此,患者必须被放置在一间无菌室内。骨髓移植可以促使患者的机体能够使射线照射所杀灭的淋巴细胞群再生。

高。胎儿的受孕期决定着风险的程度（最大风险是在怀孕的第三周到第十周），如果胎儿接受到的剂量越大，风险概率也就越高。胎儿接受到的剂量低于100毫希[沃特]，风险为零或者几乎就是零；接受到的剂量在100～200毫希[沃特]之间时，存在风险，但风险概率很小。不过，当接受到的剂量高于200毫希[沃特]时，可能会导致流产。

只有在孕期接受到射线照射的孕妇才显示有风险。对于接受射线照射后多年才想要受孕并生产的妇女，似乎没有任何风险。这种情况，流产或遗传畸变的风险与普通人群相同。我们对50 000个孩子的父母进行过调查研究，这些孩子的父母在日本广岛和长崎核爆炸中遭受到了射线照射，多年后又生育了这些孩子。这次研究证明，出生的这些孩子完全正常。妇女接受过射线照射，流产和遗传畸变的数量与日本整个大众人群相比没有很大区别，因此，只有胎儿的母亲在接受射线照射期间受孕，而且只有胎儿接受到一次性的射线照射剂量超过100毫希[沃特]，胎儿才可能存在遗传畸变的风险。

在潜伏的辐射影响中，值得注意的是长期性的致癌影响。我们以这个问题为课题，曾对下列几组接受过辐射照射后的人群继续进行研究，即：

— 广岛和长崎的生存者为285 000人；

— 数千名放射学家，尤其是20世纪50年代前就从事这项工作的那些放射学家，当没有完全意识到辐射的危险时，他们接受到的放射剂量远比今天的放射学家所接受到的放射剂量高得多；

— 医院内接受放射透照治疗的病人——全世界每年大约有100万名患者；

— 铀矿开采人员，他们接受到的射线照射剂量高于平均天然射线照射剂量；

— 世界上某些地区的天然射线剂量水平高，接受过这样高剂量射线照射的人群，主要是在印度的喀拉拉邦；

— 从切尔诺贝利周边撤离的人群，大约为135 000名。

在这些不同的人群中，凡接受过大剂量人工射线照射的人（放射学家、广岛和长崎受害者、接受放射疗法的病人）[104]，从患癌症或血液病的可能性来看，数据显示实际上偏高。据各种研究和更慎重的假设，国际辐射防护委员会（ICRP）估计，在100万接受过10毫希[沃特]射线照射的人群中，患附加癌症的最大病例数为125。接受大剂量（0.2～8希[沃特]）照射后，显示的结果与所接受到的射线照射量成正比；在接受到2希[沃特]射线照射的10 000名人群中，预计可以发现250例受到同样辐射影响的患者。这些附加癌患的位置十分相同[105]：乳腺癌约20%、肺癌约16%、血癌约16%、骨癌约4%、甲状腺癌约4%、其他癌症约40%。毫无疑问，当接受大剂量射线照射的10年、20年或者30年后，仍然还存在着患白血病或癌症的风险。虽然这样的风险性极其微小，但认为风险为零或没有被发现则是不能令人相信的，我们不能忽视已经观察到和测量到的这些患病情况。然而，认为只要接受了射线照射，所有客体或者他们中的大多数将一定会死于白血病，那完全是说假话。应当说明的是，在接受到辐射剂量低于200毫希[沃特]的人群中，没有发现有增加患

---

[104] 然而，小剂量照射曾显示没有影响，即使在定期接受大量射线照射的人群中也没有影响（铀矿开采人员、喀拉拉邦地区的居民、放射学家）。只要放射剂量保持在与天然放射剂量大约相同的水平（低于260毫希[沃特]/年）或一次性接受到的剂量低于200毫希[沃特]，就不会有后果影响。

[105] 资料来源：1993年法国核能学会。当个体整个身体接受到均匀的射线照射时，就有患这些病的可能性。癌患类型取决于放射性元素的特性。例如，放射性碘的污染（碘沉积在甲状腺中）可能激发患甲状腺癌或出现其他甲状腺问题。

癌症的概率。

得不到正确信息的公众常常会想，任何遭受过射线照射的人都非常有可能患癌症而死。事实上，在大多数接受过大剂量射线照射的个体中，只有极少一部分才会演变发展成为白血病或癌症。

在100万名没有接受过射线照射的普通人群中，每年也只有7 000例自然白血病患者。如果这些患者接受到的射线照射剂量水平为10毫希［沃特］/人（本底剂量的5～10倍），那么，以最悲观的数据进行计算，也可能仅增加20个病例[106]。数理统计表明，除已知的7 000例以外，再增加20例病患的可能性不大：这可能需要对几百万接受过射线照射的人群进行流行病学方面的跟踪研究，然而，实事上却不可能有那么大范围的人群遭受到射线照射。过去的研究证明，只有那些接受一次性射线照射剂量超过100毫希［沃特］的人群才会存在致癌的长时间影响。流行病学研究也表明，对于接受射线照射剂量低于100毫希［沃特］的个例来说，既不存在致癌影响也不存在遗传性影响；我们根本还不知道，大剂量射线照射的结果是否可以延伸用于小剂量射线照射[107]的情况。

---

[106] 以“线性非阈”(LNT)理论为依据。现在大家都知道该理论无实际意义，但在许多辐射防护的计算中仍然在使用。

[107] 经过投入大量经费对成千上万个客体进行长期的流行病学研究后验证，低于100毫希［沃特］的一次性照射剂量不存在辐射影响，不过，还是根据大剂量照射到小剂量照射影响的一种假定(线性)率推延，进行了大量预测癌患数量的计算，如切尔诺贝利核事故所致的癌患数量。遗憾的是，除风险为零之外，存在或不存在阈值的争论或许还将持续一些时间。按最坏情况假设，如果阈值不存在，这样的推延就不能够确定小剂量辐射的影响，因为这样的剂量低微得看不见。很清楚，要解决这个问题不容易。我个人确信，辐射剂量低于每年10毫希［沃特］时完全没有危害，因为我们确实适应了周围环境中正常的天然辐射剂量，这样的剂量完全没有危害风险。

因核事故直接影响致死的多数案例发生在核事故后的前几个月。一般说来,如果某人接受了大剂量射线照射后存活了6个月,那他就有望在此后过正常的生活。大多数情况下,射线照射后的主要后遗症是心理上的创伤。虽然辐射导致的癌病晚期死亡风险不可忽视,但相对说来还是较低(就我们所知,大约是1/1 000)[108]。

放射物质散落时可能集中在动植物体上。所以,重大核事故之后的公共健康监测,包括禁止人们消费某些可能已经遭受超过一定辐射剂量水平污染的食物,尤其是喝放牧于可能受污染草场的母牛所产的牛奶。切尔诺贝利就有这样的情况。不过,即使如此,辐射风险在人们心目中常常被夸大。切尔诺贝利核事故使西欧人的消费行为产生了变化;法国和西班牙的家庭主妇在核事故后好几个月都避免采购某些食物。她们这样做没有科学的评判依据,因为在离核事故那么遥远的地方根本没有危害性的污染。举一个实例,有一种叫百里香(麝香草)的植物,这种植物吸入了铯,可能存在某种危害风险,然而,欧洲人消费百里香却没有发生过危害风险,而且现在也没有。要达到300 000贝可/年放射性铯的年吸入量限值(AIL),每年必须吸入100千克铯污染程度大约为3 000贝可/千克[109]剂量水平的百里香(正如我们前面所说,这样的年吸入量限值仍然大大低于引起早期症状的剂量水平)。不仅没有人一年可能吃下100千克百

---

108 相反,可以说,其他原因导致的癌病患者死亡率也相当高,因为,3名西欧人中大约有1人是死于癌病。众所周知,易患癌病的因素是:吸烟、酗酒、不良饮食习惯,但人们相当不重视针对这些因素的预防措施。

109 相当严重的污染率,大体相当于1986年切尔诺贝利核事故后欧洲人所接受到的铯-137的最大放射剂量记录。这种污染在对放射性烟云刚好通过后就下雨的某些局部地区进行监测时发现到了,大气中的(放射性)粉尘被雨水冲洗掉后,沉积在地面上。

里香草，即使有人这样做了，他当然也就会因百里香草酚而中毒。大剂量的百香草香精的毒性非常大，甚至比放射性铯的毒性还要大。

虽然放射性风险不应忽视，但常常又被公众过高估计；相反，我们对日常生活中的其他风险：吸烟、酗酒、道路交通事故、心脏病发作等总是估计不足。

辐照剂量的管理限值[110]

	射线辐照	管理限值/年（毫希[沃特]）	管理限值/5年（毫希[沃特]）
A类工	-全身	50	100
	-眼球晶状体	150	-
	-局部(皮肤/平方厘米)	500	-
B类工	-全身	15	100
	-眼球晶状体	150	-
	-局部(皮肤/平方厘米)	500	-
公众	-全身	1	-
	-眼球晶状体	15	-
	-局部(皮肤/平方厘米)	50	-

— 孕妇：胎儿与其他社会公众成员一样，接受到的放射性剂量每年不得超过1毫希[沃特](尤其是在职妇女)[111]。

---

110 这些管理限值具有保守性，远远低于危害辐照剂量水平。当接受到的一次性射线照射剂量低于100毫希[沃特]，即使时间长(例如，一两小时或一两天)，也没有观察到对人体健康具有什么影响。

111 资料来源：欧洲通令96/29，1996.5.13，这是一份国际辐射防护委员会60号出版物推荐的技术标准欧洲版复制件。

几个可接受剂量的实例[112]

通常，一个地区所接受到的平均天然辐射剂量为1毫希[沃特]/年，或3微希[沃特]/天。然而，在某些情况下，接受到的放射剂量可能相当高，例如：

— 如果当你睡在另外一个人的身体旁边时，你所接受到的辐射剂量大概是10%多一点，因为人体的天然辐射大约是8 000贝可[勒尔]（成年人体内的核裂变为8 000次/秒）；

— 如果你在不列塔尼海岸的花岗岩海滩度过一个周末，则接受到的剂量将增加三倍（花岗岩的放射性比沉积土壤的放射性高）：超过的剂量大约是1微希[沃特]/天。如果你在那里呆上数周，吃当地食物，由于当地土生土长的食物含有天然放射性元素，这样你也会使自己体内的放射性按相同的比率增强。当你回到家后，你体内的放射性仍将在大约两个月内保持较高水平，因为体内细胞的大量更新需要一定时间；

— 在一个海拔高度为2 000米的滑雪场，放射剂量大约增加30微希[沃特]/周。由于宇宙射线被低于海平面的大气所吸收，从而导致辐射剂量增强。生活在山区的人们以及飞机驾乘人员所接受到的辐射剂量比生活在海平面的人要高一些。在某些情况下，核工作人员接受到的辐射剂量甚至可能超出允许剂量，但对他们的健康并不构成威胁，因为可接受的设定阈值远远低于真实的危险剂量水平。

— 因核电站附近存在的人为放射性释放，在核电站附近露宿一年：增加的额外放射性剂量大约为10微希[沃特]/年，大约是天然辐射的1%。这样，即使全年生活在核电站附近，所增加

---

[112] 资料来源：法国核能学会。

的射线照射也比在不列塔尼海岸或山区度几天假所受到的射线照射低。

— X 光胸透：目前是1毫希[沃特]，就是说，一次 X 光胸透使你接受到的射线照射比常年生活在核电站附近高出 100 倍（由于技术的改进，现在 X 光透检的放射剂量比 1955 年时低1/20）；

— 腹部扫描：15 毫希[沃特]/每张切片（一次扫描检查要求 5～10 张切片）。病人一次常规腹部 X 光扫描检查所接受到的放射剂量比西欧人在切尔诺贝利核事故中所接受到的放射性尘埃剂量高出大约1 000倍；比常年生活在核电站附近所吸入的额外增加辐射高10 000倍。

— 牙科 X 光透照：两秒钟内大约 0.2 毫希[沃特]，或者与生活在核电站附近 20 年所接受到的辐射量相同，而且，在进行牙科 X 光透照时，辐射被限制在一定的空间和时间范围内；一部分身体接受到很高的射线照射剂量，没有任何负面影响。因此，我们可以得出结论，当全身接受到的射线照射剂量在 10 倍或 100 倍以下，辐射的影响可以忽略不计。

— 切尔诺贝利核事故的放射性尘埃使西欧在事故后的这一年人均辐射剂量增加了 0.088 毫希[沃特]，比每个西欧人 X 光胸透射线剂量低 10 倍，或者相当于在不列塔尼海岸或法国南部洛代夫美丽的旅游区度 10 天假所接受到的辐射剂量。

事实上，人类接受射线照射中的 2/3 来自天然辐射，主要源于下列几种方式：

— 土壤和宇宙射线的天然放射性：大约占我们所接受到的射线照射的一半，平均为 1～1.5 毫希[沃特]/年，不过，很大程度上放射性剂量的变化随海拔高度、土壤、甚至气候而变化。例如，土壤的放射性可以在大约 400 Bq/kg（沉积土壤）到 8 000 Bq/kg或更多（花岗岩土壤）。

在整个世界，房屋及建筑中所用的水泥块、砖和混凝土都具有放射性。然而，不必恐慌，这些材料仅含天然辐射剂量，不具危险性。同样，地球的土壤和表层以下的下层土，视地区不同，或多或少具有一定的放射性。

— **人体内部的天然放射性**：由于人体含有一定的放射元素，因而也就不停地辐射并接受照射。事实上，在我们所接受到的全部辐射中，有近一半的辐射是来自于我们自己机体的放射衰变。这主要是由于我们身体中钾元素的天然放射性所致——钾是人体化学中最重要的一个元素。另一个放射源就是我们从大气中所呼吸到的氡；氡在自然界中的存量不等，它取决于气候变化和土壤中铀含量而不同。平均来说，一个人的天然内放射性辐照约为 1～1.5 毫希[沃特]/年，与来自外部辐射源的剂量大体相同。一个体重 70 千克的人，其放射性总量大概是8 000贝可[勒尔][113]，其中，钾-40 为4 000贝可[勒尔]（每次衰变大约为 1.5 兆电子伏，MeV），碳-14 为4 000贝可[勒尔]（每次衰变大约为 0.15 兆电子伏）；其他微量元素包括铯-137 约 40 贝可[勒尔]，氚约 40 贝可[勒尔]和镭[114]约 4 贝可[勒尔]。因此，我们的机体具有微量的放射性，但剂量非常微弱，处于无害的水平。这种无害水平的放射性通过我们摄入的具有微量放射性的食物、饮水和呼吸的空气来维持（这些天然放射性早在创建核工业之前就已经存在）。

我们所接受到的其余辐射则是人为的，而且几乎全部来自放射医疗检查。

---

[113] 这就是说，经常性地并在完全自然状态条件下，每秒钟有 8 000 个原子在我们的体内发生裂变（释放辐射的自然核反应）。

[114] 然而，值得注意的是，这些平均数字与饮食和吸入的空气息息相关，因而个体与个体之间可能有着显著的差异，但是，却有助于我们树立起一个相对量值的天然和人为辐照剂量的正确观念。

20世纪50年代和60年代曾有大量的空中核武器爆炸试验，人体吸收到的来自于这些爆炸所产生的放射性尘埃辐射只是很少一部分（大概是接受到的总量的1%）。多数核大国在20世纪60年代停止了这类核试验。

那些公开指责核工业为主要放射源和辐射源的环保学者们犯了大错，他们应该从有关天然放射性的真实数据开始学习。天然放射性实质上比人为放射性高，而且，民用核电站根本不是主要的人为辐射源。

现在，天然辐射和医疗辐射对人体形成的射线照射远远高于核工业，但是，天然的射线照射无害，而被视为实用的医疗射线照射受到限制，这当然有必要，所以，近年来医疗放射剂量已有很大程度的减少[115]，并且远远低于导致危害风险的水平[116]。

---

[115] 事实上，对人体内部的观察了解，使用新型的、更复杂的医学镜像技术较以前使用的方法效果更好，同时实施的射线照射剂量更低。

[116] 对癌症医治来说，射线治疗法当然是一种期望：肯定要施以大剂量的射线照射，以减小肿瘤块及其转移，当然这样的射线照射仅限于受侵害的病变器官。

天然放射性随地域不同而变化

“智者指月，愚人观手”
中国古老寓言

对今天的普通百姓来说，主要辐射源来自于下述几方面所构成的天然本底：

(1) 太空宇宙射线；辐射强度随海拔高度而变化，海平面时的辐射剂量大约为 0.5 毫希[沃特]/年；海拔高度在12 000米时的辐射剂量为 40 毫希[沃特]/年[117]；

(2) 地面射线，随地区不同而变化，一般为 0.5～400 毫希[沃特]/年；

(3) 吸入氡气，平均 1.3 毫希[沃特]/年；

(4) 食物中的放射同位素，平均 0.2 毫希[沃特]/年，尤其是所有活体中的碳-14 以及水果、蔬菜、肉类、海产品、矿泉水等之中的钾-40。

氡气是土壤中铀-238 辐射衰变的一种产物（半衰期为 45 亿年）；我们可以在衰变链中找到氡-222，一种半衰期为 3.8 天的放射性气体，它以不同的比例存在于土壤和大气中的任何地方。氡漫射进土壤的孔隙和裂缝，其中一些氡气最后被释放到大气中，我们人类又从大气中将这些氡吸入体内。大气压力下

---

[117] 很容易计算出，我们在往返于巴黎—纽约的12 000米高空乘飞机旅行时，接受到了大约 0.05 毫希[沃特]的辐射剂量，是生活在核电站附近每年附加剂量的 500 倍，不过，这种跨越大西洋的飞行比一次肺部 X 光医疗检查所接受到的射线照射约低 1/20。从另一个角度来讲，10 次往返于巴黎—纽约的行程＝1 次 X 光检查＝住在核电站附近 1 个完整世纪＝1 毫希[沃特]＝对身体健康无危害。

降时,氡气迅速从土壤中逃逸出来。所以我们看到,大气中的天然放射性随地方不同而有所变化,它的放射性强度取决于土壤中的铀含量和气候的变化。

土壤中漫射出来的平均辐射剂量大概是 1 毫希[沃特]/年,但是在放射性较低的地区,这个数字可以在 0.5 毫希[沃特]左右变化。在天然放射性较高的地区,这个数字可以高达 400 毫希[沃特]。

在欧洲,土壤中天然放射性的平均剂量大约为 1 毫希[沃特]/年;在这个平均剂量的基础上还必须增加来自太空的天然宇宙辐射以及人体自身体内放射性所形成的内照射。

在印度南部地区的喀拉拉邦,天然放射性剂量比其他地区高出约 10 倍,每年的变化在 3.8～17 毫希[沃特]之间。在巴西的一些地区,天然放射性剂量甚至高出 10 倍以上,超过 175 毫希[沃特]/年[118]。在伊朗的某些地区,放射性仍然很高,甚至达到 400 毫希[沃特]/年。生活在那里的人们似乎并没有比生活在其他地区的人更多患癌症和其他辐射疾病。

当与天然放射性进行比较时,对设计完善、运行规范的核电站所产生的人为放射性(大约0.000 1毫希[沃特]/年)可以忽略不计,这样的放射剂量比土壤中放射性元素所产生的平均照射低 10^{-4},比地球上的最高放射率低 4×10^{-6}。

[118] 在瓜拉帕瑞海滩测定到的辐射剂量达 40 微希[沃特]/小时,约等于 350 毫希[沃特]/年。

不同地域的平均天然辐照度

放射性不仅仅只有核电站才产生，天然放射性物质在大自然中到处可见。地区不同，放射性的存量亦有变化。

资料来源：*"内科医生与辐照风险"*，1989 年 4 月，医科大学以色列区内科医生医嘱；测量值由作者 2000 年 7 月提供。

切尔诺贝利核事故

苏联切尔诺贝利核电站，位于现在的乌克兰与白俄罗斯边境附近，由4座1 000兆瓦大功率沸腾管式反应堆(RBMK)所组成。这是一种BWR－沸水堆。反应堆内燃料棒插在垂直管内与水接触，周围为石墨慢化剂结构。这种设计模式已经过时而且很不稳定，厂房建筑也没有混凝土密封结构。

事故发生在1986年4月26日凌晨1时23分。4月27日下午，事故36个多小时后，邻近的城市普里皮亚特(PRIPYAT)已被紧急疏散，但是苏联主管当局并没有向周围地区或国外透露任何其他信息。其中一个被忽视的地区就是白俄罗斯，该地区在几天之内被严重污染。释放的放射性物质分布状态本可以很容易地通过指示风向和风速的气象图进行预测。但事故两天后，也就是4月28日上午，几座瑞典核电站发现大气中放射性异常增加并发出了一份警报，此时，苏联主管当局才承认在切尔诺贝利发生了核“事故”。

这次核事故死亡42人。这些殉难者都是核事故发生后驻留现场的电站雇员、消防人员和其他参与事故清污作业而没有实施很好保护措施的人员以及一名直升机驾驶员。他们所接受到的辐射剂量在4～16希[沃特]。然而，驻留现场执行回收工作的人员数以千计，他们中有许多人没有接受系统的剂量监测或跟踪，因此，我们或许永远都不会知道他们当中遇难者的真实人数。不过，事实上他们中只有极少数人死亡，因为他们仅仅遭受到了有限时间的射线照射[119]。

在接下来的几天时间里，当雨水将放射性元素冲刷至地面时，气候卷带的放射烟云[120]在乌克兰，尤其是在白俄罗斯境内产生了豹斑式的严重辐射污染。那些既没有得到通知也没有尽早安排疏散的附近居民随地域的不同而遭受到不同剂量的放射烟云污染。由于放射性碘沉积在甲状腺内，普通碘片本可以分发到普通百姓手中，使他们体内甲状腺的非放射性碘处于饱和状态并能有效地阻止吸收放射性碘。但人们并不知道服用碘片，也没有可提供的碘片，那些没有得到通知的老百姓仍像往常一样，继续进行各自室内外的作业。当然最简便的措施就是呆在室内直到放射性烟云过去，这样就可以避免大部分放射性污染。

5 月 1 日，核事故之后第五天，美国提议要派送碘片分发给普通百姓，但苏联主管当局拒绝了美国的这一提议。

在 1986 年的春夏季期间，除了少数拒绝离开他们自己土地的人以外，被撤离的人群超过十万，其中包括整个普里皮亚特的居民和 30 千米禁区内的大部分常驻居民（他们中的大多数现在仍然活着而且生活得很好）。另外，一些更远区域的人也被撤离，因为他们受到了放射性尘埃的严重污染。

---

[119] 在核事故发生时和之后的数月内，苏联主管当局企图尽量淡化事故的严重性和遇难人数。可是 1994 年和 1995 年，乌克兰主管当局却开始夸大该事故的严酷程度，这或许是想获得西方更大经济援助。因此大量毫无事实根据的谣言开始传播，宣称切尔诺贝利核事故的遇难者数以千计。从另一个策略上讲，西方公众的意见占据着主流，他们认为，如果没有做出点什么来帮助这些受害者，那么十之八九又是另外一次核事故。在最终关闭电站现场的谈判过程中，他们获得了大约 30 个亿的西方援助。2000 年 12 月 15 日，切尔诺贝利最后一座反应堆被关闭。

[120] 放射烟云主要含碘-131（半衰期仅有 8 天），碘的放射性仅持续一两个星期；而铯-137 大多数仍然具有放射性（半衰期大约 30 年）。现在这里的铯-137 对周围百姓的危害远远小于核事故刚发生时的危害。铯在大气中已经挥发稀释，因此在一定地区范围内的放射性浓度比核事故初始时低了很多。

简便易行的隔离封闭指南是:“足不出户,关闭门窗,尽量少外出”,同时早撤离污染区可以大大降低居民遭受射线照射的剂量。在放射性烟云通过途中,在距离核电站10千米处所接受到的外辐射剂量约为0.03希[沃特],这样低的剂量不会产生任何辐射疾病的症状[121];在30千米处,那些处于无建筑物遮蔽保护的人员所接受到的放射剂量也只有0.01希[沃特]。

自1986年以来,在切尔诺贝利地区发现儿童甲状腺癌的病例已有明显上升[122]。因为儿童的甲状腺比成人的甲状腺更活跃,他们更有可能受到放射性碘的影响。然而,在严重污染的地区,既没有观察到成人甲状腺肿和白血病的增加,也没有出现具有遗传性缺陷的非正常出生率的上升。

事实上,切尔诺贝利核事故的直接或者间接受害人数与烟草和酒精中毒(苏联的一个特别严重问题)以及营养不良的受害人数相比,几乎可以忽略不计。尽管我们似乎忽略了他们死于日积月累中毒这样的事实,但毕竟这些烟草、酒精中毒和营养不良才是致命性的因素。

在受到切尔诺贝利放射性尘埃辐射的7 500万独联体公民中,估计有1 500万到1 800万人可能最终死于癌症。这是我们

---

[121] 在一次释放辐射约0.3希[沃特]这样微量的剂量时,首先出现可见的辐照症状。

[122] 确诊并有记录的白俄罗斯儿童甲状腺癌病例数(资料来源:国际原子能机构,1994):1986年以前,无统计;1986年:2例;1987年:4例;1988年:5例;1989年:6例;1990年:29例;1991年:55例;1992年:30例。1986到2000年间,确诊乌克兰和白俄罗斯青年人中患有甲状腺癌病总例数约1 500例。相对来说,甲状腺癌可以治愈,很少有致命性。几乎所有这些患甲状腺癌的病人至今仍然还活着(联合国原子辐射影响问题科学委员会关于切尔诺贝利核事故对健康影响的最终报告,2000年5月)。其中有一两例死亡可能是因为遭受到大剂量碘-131照射的结果所致。如果他们得到了相应的医学治疗,也就有很大的可能性活下来。我们不能完全肯定有充分的理由,可以把癌症病例数的增加归咎于切尔诺贝利核事故。癌症病例数的增加,事实上,部分原因可能是因为今天医生们只是例行常规式的触摸检查儿童的甲状腺,因此确诊的甲状腺肿(由于碘缺乏)比以前更多。核事故前,许多这些甲状腺肿病患者可能没有被检查出来,也没有被确诊。

假设即使最低剂量也有害，并以公众所接受到的剂量为基础，按长远预测进行计算而得出的增加的癌症病例数量。虽然这不是实际的病例，但却可以作为计算偏高估计受害者数据的一个方法。实际上，在整个未来的70年内，独联体国家因切尔诺贝利核事故所诱发的癌症病例死亡人数在0～15 000人的范围内（高于千分之一的自然癌症上升率）。这一估计与所观察到的1 500名甲状腺肿病例大体一致。必须指出的是，该计算是基于非常低剂量辐射线性影响的一种假设。现在知道这种假设是错误的，因为事实上没有观察得到低于100毫希［沃特］的射线照射影响。所以，切尔诺贝利核事故的受害者数量很可能接近42人，也许为50人，但肯定没有2000年5月联合国原子辐射影响科学委员会报告中指出的数千人。在离核事故现场更远的国家，那里所接受到的放射性剂量低于千分之一或百万分之一，“切尔诺贝利”致癌的风险几乎为零。

切尔诺贝利核事故，尽管对独联体民众产生的辐射污染很严重，而且传媒也在铺天盖地地宣传，但它对远方的公众除了形成心理上的创伤外并没有产生特别的影响，相应地在西欧、日本和美国却引起了很大的关注，结果，切尔诺贝利核事故对这些国家的公众情绪造成了巨大的影响。

据估计，核事故之后，欧洲境内实施了100 000例不必要的堕胎手术。这些手术或者是应孕妇自己的请求，或者是她们听从了自己医生的建议，这种让公众知情并不比善意骗他们好得了多少。这10万个无辜受害者成了公众心理意识受到冲击后的牺牲品。西欧实际的辐射风险为零，即使对孕妇而言也是零[123]。

---

[123] 切尔诺贝利核事故之后，西欧接受到的辐射剂量有所增加：德国约0.4毫希［沃特］；法国、瑞典和丹麦约0.1毫希［沃特］；西班牙约0.01毫希［沃特］。一次性接受到的辐射剂量低于100毫希［沃特］，胎儿受影响的风险为零。只有当辐射剂量超过200毫希［沃特］时，才可以判定辐射致使胎儿流产。

即使可以用灵敏的仪器在离核事故现场数千千米之外探测到切尔诺贝利放射性尘埃，其放射性也极为微弱，对西欧、日本和美国的健康毫无影响。经过媒体的报道，放射性对健康危害的风险被过分夸大。

核事故几天后，法国公众接受到的放射性剂量水平达到每天 0.015 毫希[沃特]左右(大约是0.003 6毫希[沃特]本底水平的 4 倍)，核事故后两个星期，大气中的放射性几乎回到了正常水平。总体而言，法国因切尔诺贝利核事故所接受到的平均辐射剂量大约是 0.1 毫希[沃特]，是他们接受到的每年自然辐射本底剂量的十分之一左右。

切尔诺贝利核事故后西欧射线照射量的上升不可忽视，但它对人体的健康并不存在任何危害风险，其辐射量相当于在布列塔尼岛海岸渡两周假或在滑雪场玩几天所形成的增加部分的辐射，或者相当于牙科 X 光射线照射的二分之一剂量。所有这些剂量远构不成灾难性危害！

切尔诺贝利的放射性烟云主要由两种放射性元素组成：铯-137(半衰期：30 年)和碘-131(半衰期：8 天)。放射性铯在食物链中可以找到，尤其是在易于吸收这种元素的蘑菇中可以找到。在法国的阿尔卑斯省伊泽尔地区，1986 年底发现某些野生蘑菇具有放射性，形成干蘑菇后，干蘑菇中的最高放射剂量水平达1 840贝可[勒尔]/千克。由于铯的摄入极限值(AIL) 每年为300 000贝可[勒尔]/年，蘑菇含 1%的干物质和 99%的水分，因此全年可能要耗费大约 16 吨鲜蘑菇或每天 44 千克鲜蘑菇才能超过放射性铯的可接受剂量水平！而且，这些采样中存在的一部分放射性铯并不都是来自于切尔诺贝利核事故[124]，而是来自于50年代和60年代原子弹爆炸试验的放射性死灰。

全世界大气和土壤中的放射性在切尔诺贝利核事故后稍有上升，然而，非常明显的是，西欧境内的放射性上升非常微小而且还是在可接受的限值范围内。当然，这样的核事故肯定不允许再发生，而且必须采取一切防范措施终止那种核事故。这次核事故极其荒谬，本可以很容易避免。它使人类遭受灾难，付出了生命的代价，更不要说经济的损失和心理上损害[125]。建造第二道"石棺"以防止切尔诺贝利反应堆的核辐射，共花费了10亿多美元：对建造各种安全核设施来说，这应该是绰绰有余。

从这次核事故中，我们必须学会将来如何避免再发生这样的核事故。核事故的后果对当地居民影响严重，他们没有被安排撤离，结果受到辐射污染[126]；而对于苏联及其继任的政府来说，由于为事件付出了代价，结果其经济遭受到毁坏，国际社会舆论中的心理创伤影响也非常大。鉴于媒体对切尔诺贝利核事故及其后果的夸张宣传，公众的反核意识较以往也更强烈。

我们对这次核事故的原因进行过分析，正如大家所知：

— 反应堆设计拙劣：没有隔绝放射性产物泄漏的结构设计。尽管可以对该反应堆型的设计进行解释，但是却很难用古

124《辐射防护临界安全》，一份辐射防护与临界安全出版物，第5期，1987年秋刊。1986年前采集的法国蘑菇样品显示，铯放射性水平的偶然性增高可能是20世纪50年代和60年代进行大气核试验所形成的放射性死灰所致。

125 震撼了所有发达国家的一种真实的心理创伤，是一种持续影响至今的创伤。全体地球公民都感觉到了切尔诺贝利核事故的威胁。核事故至少帮助我们明白了：我们大家都生活在同一座不大的星球上，我们在一个区域所做的一切将对别的其他区域产生影响。而且特别是当涉及环境问题时，国家边界不复存在。我们大家必须携起手来共同努力。

126 再次重申，我们发现自核事故以来白俄罗斯和乌克兰儿童的甲状腺肿人数已经有所上升，但这种受核事故所致的增加程度或许与共产主义权力退出后，诸如生活方式和膳食结构改变等其他因素的关联程度有关，我们一无所知。

拉格集中营(Gulag)人类生命和环境保护这两类具有同等价值的事实做出合理证明。

— 核燃料和慢化剂在反应堆内的排列布局给这种设计提供了一个“正空泡系数”。这就意味着,失水事故可能导致功率水平提升;而且反应堆在低功率下运行时也极不稳定。

— 安全系统的设计和运行存在着一系列的不足和严重错误。插入控制棒紧急停堆需要 30 秒(比较西方反应堆,只需要 1 秒左右),而且他们的这种设计使控制棒插入初始就引起功率波动。许多安全系统甚至不存在,在核事故发生的当天,当其他一些工作次序只是被打乱或者被中断时,需要特别注意的某些具体运行却还在进行中。

— 核事故之后,现场运行操作错误,例如,核事故刚发生不久,一些人员就开始进入事故现场执行工作任务,尤其是一些武装人员,包括数百名从事义务军事服务的年轻人,他们没有接受必要的培训或没有给他们提供必要的保护。密封衣裤和呼吸面罩本可以防止他们遭受污染,他们所遭受到的辐射剂量也可以用盖革计数管或其他剂量计进行更好的监测[127]。

— 苏联主管当局犯下了策略上和交流沟通上的错误,他们企图随意隐瞒这次核事故。这样做的严重性首先在于蒙蔽了当地老百姓,几天后则是远及全世界。宝贵的时间就在采取必要的措施前流失掉了。其实,只要在核事故之后几小时立即进行指导或疏散撤离,大量的污染还是能够防止。居民,尤其是儿童,就不会在核事故之后的最初几天里遭受到放射性污染。当局终于发出了留在室内和撤离该地区的指令,但已为时太晚。如果当时提供和发放了碘片,放射碘污染的影响也可能会受到

---

[127] 法国有 23 个移动辐射应急部门 (CMIRs),随时处于待命状态,当国内任何地区出现核事故情况时立即采取应急行动。这些应急部门由接受过核事故处理特殊训练的消防人员组成,他们配备有相应的防护器具和应急物质。

控制：如果甲状腺内的碘趋于饱和，甲状腺就不可能很容易地吸收到放射性碘。可以说，切尔诺贝利核事故时什么保护措施也没有采取。

通常情况下，苏联主管当局在自己的意识形态体系里根本没有核安全的概念。在安全问题上，他们宁可冒公众遭受严重辐射的风险，也不愿意花费一点时间和经费。这是一种不负责任的态度，就如同一个无能的政权以一个平民党为幌子在几乎四分之三的世纪里恣意践踏自己民众的健康和生命。我们必须保持清醒的头脑，因为没有哪个国家可以完全脱离政治操控，它始终是国际政治生活的组成部分，各种丑闻可为此作证。

21 世纪初，十几座类似于切尔诺贝利的大功率沸腾管式系列反应堆，仍然还在东欧的一些国家内继续运行。尽管发生核事故以后，对这些反应堆做了一些改进[128]，但这些堆型本身设计过时，没有什么可行的办法可以使其改造升级，必须让这些反应堆尽快全部退役，用更现代化设计的新堆型替换。大功率沸腾管式反应堆的设计过时，没有防事故的屏蔽结构建筑，即使运行人员实实在在更认真、更能意识到自己的责任，核事故的风险也不可能消除。

可靠性非常小的反应堆必须尽早用安全的反应堆替换，因为这些反应堆随时都有可能发生灾难性后果的严重事故。完成替换这一举措可能需时数年，因为反应堆的建设需要时间，这却是必须要完成的事儿。尤其是涉及到西方国家最陈旧的那些反应堆，以及前苏联国家的 RBMK 反应堆和 VVER230 型压水堆，按合理可接受的费用不可能对其进行改造升级。

[128] 特别是，插入应急控制棒的时间从 30 秒减少到大约 10 秒；许多电子器件、计算机和安全系统已经改造升级，人员也经过了充分的培训，安全的重要性更加备受关注。此时的燃料元件在反应堆内的内部排列呈现为负空洞系数特性，而非正空洞系数：如果这时发生核事故，反应堆内的冷却水被汽化，同时核反应停止，不会像切尔诺贝利核事故那样被强化。

当一辆有制动缺陷的汽车给使用者的安全带来危害时，我们会维修它或者丢弃它。然而，对那些威胁着成千上万人生命的核电站，难道我们不应该这样做吗？当然这样做将带来费用的问题。那么给独联体国家带来的严重经济问题，又该谁来买单呢？除非能够产生国际影响的再一次核事故，西方国家才肯为替换这些具有安全隐患的反应堆提供技术和经济援助。

切尔诺贝利核事故之后几年，发生事故的四号机组已经化为一堆放射性废钢、废铁、混凝土、堆芯以及其他残骸物，用一座混凝土“石棺”覆盖着。电站剩余部分的去污工作已部分完成。15 年之后的今天，电站现场的辐射剂量仍然高出天然辐射本底平均值的 20 倍左右。乍一看起来，这似乎高出许多，但是这一数值却比世界上一些最高放射性地区的天然放射性水平还要低近 20 倍，如巴西的瓜纳帕瑞（GUARAPARI），这里的居民显然生活得很健康。放射性污染减少得如此之多，以至于电站运行人员都可以操作运行离已毁坏反应堆仅数 10 米远的另外三台机组，却没有很大的辐射危害风险。另外三台机组已于 1993 年重新启动运行。

就在 2 号机组重新启动运行不久，非核部分发生了一场大火，因此 2 号机组随后被永久性关闭。其他两台机组在 3 000 名运行人员的操作下继续运行。这些运行人员接受了定期的体检，对他们遭受到的射线照射进行了监测，发现他们所受到的辐射剂量并不高。所以我们看到，这次核事故对事故现场及其环境的污染远比许多人最初所担心的要小。按照西方的现行安全标准，肯定不可以重新运行这三台机组。鉴于 20 世纪 90 年代乌克兰迫切需要电力，重新启动运行这些机组变得合理可行。受到西方各国财政支持的鼓励，乌克兰最终在 2000 年 11 月 15 日关闭了还在最后运行的切尔诺贝利反应堆。

RBMK 反应堆没有安全性，不可能实现相应的改造升级。因此，我呼吁迅速更换至今仍在运行的所有 RBMK 反应堆。

2000年5月，联合国原子辐射影响科学委员会(UNSCEAR)发布了关于“切尔诺贝利核事故对人体健康影响”的“最终报告”。该报告的结论是，对居民健康唯一的最主要的影响在于重度污染地区的婴儿甲状腺癌病例数量有所增加。出乎我们预料的是，无论是在小孩还是在成人，甚至在遭射线照射最严重的、现已康复的劳动群体中进行观测时，没有发现白血病病例有显著增加。滞后的癌病，包括白血病，通常在核事故后10年内出现。核事故发生14年后的这份报告，正如标题所述，可以被认为是最终报告。

国际核事故级别 (INES)

核事件与核事故分类

切尔诺贝利核事故之后，非常清楚的一点就是，涉及核事故和核事件的信息必须简化，而且相关部门有义务制定出一个不仅方便普通民众，而且也方便新闻记者、核能专家和政府各主管部门的通俗易懂的核事故和核事件严重级别的分类办法。国际核事故 6 个级别中的第 1 级指标由隶属于法国核安全与信息高级委员会(CSSIN)的一个记者和核能专家小组制定。这级指标于 1988 年 4 月首次应用于法国反应堆电站核事件。1989 年 3 月以来，这级指标就已经应用于法国的所有核装置，包括实验室和电站。其他国家也注意到了法国的这一首创性应用，因此，1990 年国际原子能机构(IAEA)和核能机构(NEA)正式通过了一项国际性参考等级指标，称为国际核事故级别(INES)。以下我们将来详细介绍这些级别[129]。

国际核事故级别共有 7 个级。较严重的事件(1 到 3 级)或事故(4 到 7 级)，数字越大表示越严重[130]。

---

[129] IAEA 是联合国成员组织，而 NEA 则是经济合作与发展组织(OECD)的一个办事机构。

[130] 国际核事故级别中的 1～3 级几乎与法国的第 1 级指标相同，法国的第 4～6 级指标已成为国际核事故级别的 第 4～7 级指标。

法国这种将 6 级分类先于其他任何国家、先于国际核安全合作计划应用的范例，证明了法国是国际核安全事务中充满活力的先导者。只要我们顺便留意一下就知道，法国是三个高度核能化国家(美国、苏联和法国)中唯一从来没有发生过严重核事故的国家。法国有理由为之而骄傲。当然，人人都必须永远保持并提高自己的“核安全文化”意识，因为没有谁绝对安全，我们不得松懈怠慢 。

国际核事故级别指标以下,0 级: 偏差。不涉及核安全的事件,被认为“偏离指标”,并且这些小事件在正常运行限值范围内,其严重度低于 1 级,因此被规定为 0 级。

国际核事故,1 级:异常(无显著安全问题)。超出正常运行工况的异常情况。可能缘于设备故障,人为过失或程序漏洞。(这种异常可以通过适当的修正程序得到相应的解决,应该与那些没有超出运行限值及工况的情况区别开来,这是典型的“低指标”异常)。

国际核事故,2 级:核事件。符合下列一个或多个准则:

— 安全保障上存在明显隐患但始终保持足以应付突发故障而采取有效防范措施特点的核事件;

— 导致员工辐射剂量超过法定人均年剂量极限的核事件;

— 导致设计范围外的核装置带有大剂量放射性并要求采取纠正措施的核事件。

国际核事故,3 级:严重核事件。符合下列一个或多个准则:

— 释放到外部的放射性超出允许限值,导致电站现场外部最高个人射线照射剂量达十分之一毫希[沃特]。但这种程度的释放,不需要采取现场外防护措施。

— 现场核事件和/或导致核污染严重蔓延的核事件,导致员工遭受到的辐射剂量足以引起急性健康危害后果,例如释放到次级安全壳内(那里的核物料可以返回到相应的安全储存区)的放射活性达到数千太[拉]贝可[勒尔]。

— 安全系统的深层隐患,可能导致事故工况类核事件,或如果出现某些诱因,将使其安全系统不能防止某种工况核事故的发生。

这一级别的核事件实例:1981 年法国海牙后处理厂发生火灾;1992 年印度纳罗拉电站整个供电出现故障;1993 年俄罗斯托木斯克一台贮料罐发生爆炸。

国际核事故,4 级:无明显现场外风险事故。符合下列一个或多个准则:

— 释放到外部的放射性导致电站现场以外的个人最高射线照射剂量达到几毫希[沃特]数量级。对这种程度的释放,除了对当地食物能够实行管制以外,一般不大可能要求现场外部采取防护措施。

— 核设施严重损坏。这类事故可能使核电站损毁,导致事故现场出现重大恢复问题,如核动力堆内局部堆芯熔化和非核反应堆装置的类似事件。

— 一名或多名员工遭受到射线照射,形成一种过度辐照,从而发生高风险率的过早死亡。

无明显现场外风险核事故的实例:1973 年英国赛拉费尔德核燃料后处理厂储料罐发生释热反应;1980 年法国圣·劳伦电站 A 号堆堆芯损坏;1983 年阿根廷布宜诺斯·艾利斯一名运行员在临界装置功率失常激增时死亡。

国际核事故,5 级:有现场外风险核事故。符合下列一个或多个准则:

— 放射性物质的外部释放(放射剂量相当于数百到数千太[拉]贝可[勒尔]碘-131 的数量级)。这样的释放很可能形成仅执行减少影响健康可能性应急方案中的一部分应对措施。

— 核设施严重损坏:可能包括一座核动力堆的大部分堆芯发生严重损毁,在核装置内形成释放大量放射性的一种临界核事故或一场大火或爆炸。

现场外风险核事故的实例:1957 年温斯克尔(英国)反应堆大火事故;1979 年宾夕法尼亚州(美国)三里岛反应堆熔毁事故。1999 年日本东海村核燃料研究制造厂发生了一场临界事故,该事故中两名日本核工作人员遇难。

国际核事故，6级：严重核事故。放射性物质外部释放（放射剂量相当于数千到数万太［拉］[131]贝可［勒尔］碘-131的数量级）。这样一种释放很可能形成全面执行限制严重影响健康后果的局部应急计划应对措施。

严重核事故的实例：唯一一次众所周知的6级核事故于1957年发生在基什特姆（俄罗斯）核电站[132]。西方国家中还从来没有发生过6级核事故。

国际核事故，7级：重大核事故。主要核设施（如动力堆堆芯）内的大部分放射性物质向外释放。非常典型的一种混合体，包含短期或长期活性放射裂变物（放射剂量相当于几万以上太［拉］贝可［勒尔］碘-131的数量级）。这样的一种释放很可能形成严重健康影响后果的可能性；大范围内的滞后健康影响，可能涉及不止一个国家；将导致长期的环境影响后果。

重大核事故的实例：1986年切尔诺贝利（苏联，现在的乌克兰）大灾难是迄今为止所发生的惟一一次7级核事故。

[131] 大约100万居里。

[132] 一台存放有部分后处理放射性裂变物的储料罐发生爆炸。现场沉积了大约90％的放射性废物料，主要是锶-90，其中只有10％的废物料（通过风吹扩散）污染了核电站外部地区。总辐射剂量约2 000万居里，是切尔诺贝利核事故扩散剂量的1/3左右；锶-90的半衰期为30年。对该地区数万居民进行了流行病学跟踪研究，发现核事故对他们的健康没有任何影响。

切尔诺贝利核事故导致的核辐射

一个成年人50年生命时间中所接受到的平均辐射剂量：

天然照射	70～140毫希[沃特]
医疗照射	21～35毫希[沃特]

切尔诺贝利核事故之后，欧洲公众社会接受到的平均剂量（毫希[沃特]/人）：

匈牙利	1.00毫希[沃特]
奥地利	0.90毫希[沃特]
希腊	0.61毫希[沃特]
联邦德国	0.41毫希[沃特]
意大利	0.40毫希[沃特]
爱尔兰	0.21毫希[沃特]
丹麦	0.10毫希[沃特]
瑞典	0.10毫希[沃特]
法国	0.09毫希[沃特]
英国	0.03毫希[沃特]
西班牙	0.001毫希[沃特]
美国、日本	忽略不计

资料来源：*欧洲共同体报告，1986年11月7日。*

辐照的医疗应用

目前,辐射和放射物质已经应用于医学治疗:用医疗影像显示人体的内部(X射线、定位照相、伽马射线计数扫描、人体整体扫描等);照射身体的某个部分使癌瘤块缩小(放射疗法);应用放射性标示器跟踪人体内某些物质,如荷尔蒙和碘的路径及终点,达到诊断生理机能障碍的目的。

放射医疗应用已有100多年的历史。早在1895年11月8日,罗因根(Roentgen)在德国的维尔茨堡发现了X射线。之后不久,1896年1月,发行时间长,很受人们欢迎的英语医学杂志《柳叶刀》(*The Lancet*)对罗因根发现的医学意义给予了高度评价。1896年1月底,第一篇关于放射疗法的论文发表。在1902年的一系列实验中,英国科学家洛林(Rollins)证实,大剂量的X射线可杀死实验室的小白鼠,并建议病人每天接受的放射剂量不要超过相当于约100毫希[沃特]的限量。同年,第一篇关于遭受大剂量X射线照射而导致癌病的观测报告在德国出版发行。不用外科手术就可以看见人体骨骼和内部机体则是一场医学的革命。X射线医用的迅速推广使得所有医疗门诊及其住院部从此设立起了放射科。既然我们知道了X射线能够致人损害,我们就应努力限制病人接受照射的剂量,对准备接受治疗的病人实施保护。在腹腔扫描过程中,每次病人接受截面扫描时所接受到的照射剂量为1.4毫希[沃特],每次胸部X射线透照需要的剂量是2毫希[沃特]。

放射学中应用的照射远比人体自然放射形成的辐射要强得多。如果不是这样的话,人体的自然放射性就可能使X射线的影像模糊。然而,照射治疗的剂量比起对人体健康产生损害的剂量来非常小;当然,除非实施癌瘤照射治疗,癌瘤照射治疗的目的是要消灭癌组织[133]。当然,即使实施癌瘤照射治疗,射线照射也必须限定在较小范围的病体部位(与化学药物疗法相反,化学药物疗法需要漫射到整个躯体)。癌病的放射疗法治疗可以将多达30～300希[沃特]的剂量发射到希望杀灭的癌细胞组织中,或者至少可以阻止癌肿块继续增长。

在应用伽马释放同位素和伽马射线计数器的放射同位素吸入研究中,人体接受到的剂量大约为2～10毫希[沃特](现在的剂量比1955年的要低1/20)[134]。就像X射线一样,闪烁计数照相器是一台诊断仪,发射的剂量很小,不足以形成过度损害。病人还可以注射一种具有放射性的物质(根据病例情况:如碘-131,半衰期8天,用于甲状腺检查;或锝-99,半衰期6个小时,用于骨骼检查研究;或铊-201,半衰期12.5天,用于心脏病检查研究)。

在甲状腺检查中,给病人注射的是具有放射性的碘-131,其作用完全与人体内的自然碘一样,游移到人体颈脖根部的甲状腺位置。由于放射碘被甲状腺吸入,用伽马射线计数器就可以测出其是否有放射碘(当碘-131原子衰变时,发射出用伽马射线计数器可探测出来的伽马射线);在注射后的一定间隔时间内进行测量,测出的量值表示注射了放射性碘的甲状腺内所含的碘的累积剂量率。甲状腺活动过度(甲状腺机能亢进)的诊断,常常通过非正常方式进行,使大量的放射性碘被腺体吸入。相反,如果甲状腺内累积的放射性碘低于正常值,诊断结果可能就是甲状腺机能亢进。因此,测量值对专业医生选择某种适宜于甲状腺机能障碍的治疗方案很有帮助。

---

133 放射学中,大约100希[沃特]的局部剂量不是一次全部注入,而是分成数次注射,常常用于杀灭癌细胞。如果将这样的剂量用于整个人体,则将导致严重的灼伤和染色体畸变,以及可能使病人致死。

134《能源与健康手册》,资料来源:法国核能学会。

由于伽马射线扫描的发展、放射指示器的先进技术以及正电子摄像等的应用，核医疗技术近年来的应用范围相当广泛。新的X射线技术也已问世，如CAT扫描。虽然这些技术的费用仍然十分昂贵，但却使得观察以前无法观察得到的器官现在成为可能，最终，核医学将越来越普遍地应用于预防医学、诊断学和治疗学领域[135]。

[135] 很有意义的是我们已注意到，人工射线照射是我们医疗学最主要的放射源，然而却从来没有成为环保学者或其他反核团体方面丝毫反对的议题。

某些医疗放射检验时释放的辐射剂量

放射同位素检验的类型	注入或吸入的放射性	采用的放射性元素	用于靶标器官的剂量
甲状腺*	37 MBq	锝-99	2 毫希[沃特]
心肌	74 MBq	铊-201	7 毫希[沃特]
骨骼	550 MBq	锝-99	4 毫希[沃特]

* 过去放射碘大量运用于甲状腺诊断，但是由于技术上的原因现正在被锝-99 所替代；锝的更大优势是，释放到病人体内的辐射剂量小、平稳。

现在全球各地的医院都是将这些剂量注入病人的体内，这对病人的身体健康无危害风险。

资料来源：*能源与健康，M. Rossi，法国蒙特皮市拉皮奥尼医院核医学部。*

强烈辐照对人体的影响后果

剂量单位 希[沃特]	观察到的症状
10	神经受影响（健忘症、昏迷）
8	肠道和呼吸受影响（腹泻）
4.5	LD-50：致命剂量50%（未经治疗的死亡率50%）
3	初期皮肤症状（皮肤潮红），头发脱落
2	需要住院治疗：骨髓受影响（贫血、感染、出血）
1	初期症状：恶心、呕吐
0.3	血红素轻微异常（白血球细胞计数减少）
0.2	低于该水平：对成人既没有症状也没有滞后影响，但对胎儿却有一些影响
0.1	低于该水平：还没有观察到对人体健康有影响，即使是长期影响，甚至对胎儿的影响，均未观察到

当这样的剂量一次性或几天内全部释放时，可以观察到所产生的影响。如果是逐渐地，长达数月或更长时间释放相同的剂量水平则可以有轻微影响，或许什么影响也没有，因为人体可以使受辐射致害的大部分损伤在大约2个月内得以恢复（如太阳灼伤一样）。公众接受到的人工辐射剂量限值不得超过1毫希[沃特]/年。

核武器、核医疗以及核电工业的辐射影响比较

目的：

—**核武器**：用于大规模破坏和/或毁灭性恐吓或者至少是威慑的各类武器（消极手段且两种情况下都具有主要的风险）；

—**核医疗**：疾病治疗（积极有益）；

—**核电工业**：生产电力（积极有益）。

使用方法：

—**核武器**：原子武器的威慑或使用并继而产生杀灭人口或毁坏装置的强烈射线照射（具有危险性和破坏性）；

—**核医疗**：精心准备并对人体实施适度射线照射（使用的放射计量受到严格控制并原则上对人体无害）；同时放射疗法也用于杀死癌组织（受控制的有意损害，但主要目标是癌瘤细胞）；

—**核电工业**：对人体不产生射线照射（完全无害——三重防护：燃料棒包壳、反应堆安全压力壳、反应堆外部安全防护结构）。

使用者精神状态：

—**核武器**：鼓舞战斗精神，恐吓、摧毁敌人（消极）；

—**核医疗**：改善病人的健康（积极）；

—**核电工业**：改善社会舒适度、民众福利和企业生产力（积极）。

交流形式和潜心理：

—**核武器**：将个人意愿强加于他人（消极、关系冲突）；

—**核医疗**：为患者的健康服务（服务精神）；

—**核电工业**:服务于公众,提高人们生活舒适度和工业的发展(服务精神)。

对环境的影响:

—**核武器**:对人类生命和财产的蓄意破坏,或者威胁要这样做,不考虑对环境产生的副作用;

—**核医疗**:对人体的标准限量进行干涉,尊重环境;

—**核电工业**:几乎不向环境释放放射性,最大限度地保护环境及公众(放射性被完全阻隔在反应堆内,对生物和大自然无影响)。

放射性废料:

—**核武器**:爆炸产生的放射性残骸自然地散落到环境中;

—**核医疗**:注入相对少量的短寿期放射性;最终衰减并消散;

—**核电工业**:放射性废物全部就地封存,确保对运行人员和环境实现最大限度的保护。

释放到相关人群中的辐射剂量:

—**核武器**:应用状态中的大剂量(通常是致命的)射线照射;散落到大气中的放射性尘埃;

—**核医疗**:对患者施以最低限量并受到控制的射线照射(医学镜像中使用的无害剂量,实际上,在癌病放射疗法中的使用可能存在副作用);

—**核电工业**:只有极微量的放射性释放到环境中,释放给公众以及核工作人员(完全无害)。

迄今为止的辐射受害者人数:

—**核武器**:10 多万条人命(广岛和长崎);

—**核医疗**:好几百条人命,20 世纪初放射学家还没有意识到辐射的危害,因此为保护医务人员和病人所采取的预防措施效果不好;

—**核电工业**:据报道,迄今为止共有44人死亡(1986年的切尔诺贝利核事故死亡42人,其实这次核事故是本可以避免的;日本1999年的临界核事故中遇难人员超过2人)。

迄今因试验和运行导致的对环境的污染:

—**核武器**:对大气和海洋存在缓慢但严重的污染,甚至在整个世界范围内都可以探测到;

—**核医疗**:对环境存在轻微污染,局部地区可以测定得到,但全球范围却测不到;

—**核电工业**:对环境存在轻微污染,可忽略不计,但切尔诺贝利邻近地区除外。

原子弹爆炸导致数千或数百万人死亡的风险(原子蘑菇云):

—**核武器**:核战争可能导致数千或数百万人死亡,这是真实而严重的风险;

—**核医疗**:技术上讲不可能有风险(医疗和X光设备不可能像原子弹一样爆炸);

—**核电工业**:技术上讲不可能有风险(核电站不可能像原子弹一样爆炸)。

核事故情况下的影响后果:

—**核武器**:重大而直接的影响(奇袭情况下不可能实施疏散撤离;对诸如巴黎、东京或纽约这样的城市实施核攻击时,可能会有数百万人遇难);

—**核医疗**:一次只有一位受害者(对个体病人施药过量导致的失误);

—**核电工业**:可能存在放射性物质的泄露,但是我们已为避免或制止泄漏做了很多工作(如前述的三重防护)。进一步说,即使出现最坏的情况,这些泄露也是渐进的,因而有时间实施疏散撤离和保护可能受到威胁的人群；并且放射性物质几乎完全被密闭在反应堆防事故的安全壳内，所以这类事件的影响后果不太大而且也有限(这类实例如三里岛，但与切尔诺贝利的情况不同，切尔诺贝利没有反应堆防事故安全外壳的设计)。

使用方对环境的尊重：

—**核武器**：不考虑环境；

—**核医疗**：对保护环境关心较少，但这种关心正与日俱增；

—**核电工业**：非常关心环境保护，与日俱增。

安全规则和标准：

—**核武器**：无标准(军事法律就是野蛮法律：战斗、杀戮、强者生存)；

—**核医疗**：严格管理的领域；必须遵守射线照射标准；

—**核电工业**：严格管理的领域；必须遵守非常严格的射线照射标准。

受影响的人群：

—**核武器**：一次军事进攻就是对诸如城市、要塞等居住区的蓄意毁坏(人力、社会、财政成本非常高)；

—**核医疗**：注入患者身体或施行射线照射，但是控制在对人体有益的剂量范围(存在风险但受到控制)；

—**核电工业**：核电站位于人烟稀少的地区，宁可远离城市(减少对人类的危害风险)。未来新一代核反应堆从本质上讲绝对安全，根本无风险。

无论何种观点，凡是具有普通常识的全体明智之士都必须认识到，核武器对人类和环境构成了一个巨大的危害风险，核武器的使用会产生严重的后果；医学镜像中使用的放射性物质是用于医学治疗；核电工业中使用的放射性物质是为公众提供服务，带来的只是最低程度且易于控制的风险。

核电站是怎样运行的?[136]

核电站由核裂变释放的原子能发电。使用的燃料通常是金属铀。金属铀在地壳中的储量相对丰富,理化特性适合;能够在满足安全要求的工况下经济运行。这种燃料通过铀矿萃取,获得氧化铀,随后,铀-235 被浓缩为富集铀并组装成燃料棒。装有铀燃料棒的核反应堆芯被浸没在一回路冷却系统的水中,冷却系统被装置在一个直径大约为 5 米、高 10 米的钢制容器内(大约等同于两个车库的体积)。燃料棒插入反应堆容器内,在燃料棒的周围,是一回路冷却系统。核裂变反应产生热,裂变热量被环绕燃料棒循环的冷却水所吸收。

简单说来,一台核电机组就是一只大水罐,装满了接触核燃料后被加热的水。热水呈蒸汽形式(沸水堆:BWR)或高热水(压水堆:PWR -高压下的水不用沸腾就能达到很高的温度)通过管线被输送到一台热交换器,在那里加热二级热交换回路并产生蒸汽,驱动汽轮机旋转。汽轮机连接在将机械能转化为电能的发电机上。因此,汽轮机产生电流的方式与自行车电机产生电流的方式相同。

与汽车的四缸内燃机工作原理相比,核电站的运行原理实际上更简单、更易理解。

---

136 在此所述的压水堆(PWR) 或沸水堆(BWR)是最通用的堆型。还有其他还没有进行大规模开发的反应堆堆型:如重水堆(CANDU)、钠冷快中子堆(超凤凰和欧洲快中子堆项目/EFR)、球床堆(正在南非研制)、GT－MHR 高温气冷堆(美国通用原子公司、米纳通公司、法马通公司……正在开发)。

概括说来，核电运行的基本原理是：核反应→产生热→加热水→产生蒸汽→驱动汽轮机旋转→汽轮机旋转驱动发电机→发电机将旋转动能转换为电能→电能通过高压线路输送到市民家中和各家公司。

核电机组示意图
（PWR：压水堆）

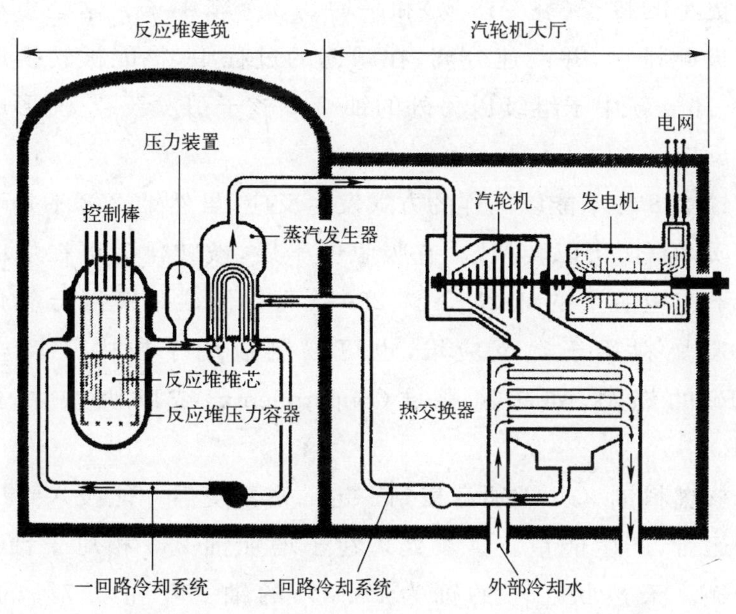

资料来源：*1 300 MW 核电站安全与辐射防护元件（法国电力公司工程与建设部）*。

核燃料

核电站使用的燃料是富集后的铀-235[137]。铀燃料芯块被密封在特殊的合金包壳管里。每支燃料棒有数米长，直径大约1厘米。铀仅具有轻微的放射性。纯铀甚至可以直接用手接触处理，不存在放射性危害的风险（铀的化学毒性类似于铅或汞）。铀-235很少或者根本不会自然衰变，除非当其受到“慢”中子的轰击，才会裂变并释放出大量的能量。每一次核裂变都会产生两个更小的核子（裂变产物）和平均2.3个新中子。这些更小的核子彼此排斥，并高速分离；在减速的过程中，核能被转换成热能，一部分新中子继续以另外的铀-235核子引发新裂变，形成核链式反应。

铀-238却不能以同样的方式发生反应；虽然铀-238不是可裂变物质，但却“可以转换”。它吸收中子后，被转化为可在快中子作用下产生裂变的钚-239。钚-239既可以制成铀钚混合氧化物（MOX）燃料用于热反应堆，也可以制成用于快中子反应堆（FNR）的燃料，如超凤凰堆（Superphenix）或欧洲快中子堆（EFR）。

核燃料铀-235必须富集到一定的富集度后才能投入到压水堆内运行，产生能量。富集处理在于增加铀-235相对于铀-238的份额。天然状态下的铀为99.3%的铀-238和0.7%的铀-235。为适宜于核电站的运行使用，铀-235的富集度至少要达到3%。

---

[137] 这只是对压水堆或沸水堆而言。只有采用重水（不是普通水慢化）的反应堆才可以直接用天然铀作燃料运行（如加拿大的坎杜堆CANDU）。

在堆内运行 3 到 5 年之后，铀-235 即被耗尽，这时就得更换新的燃料棒[138]。乏燃料中的铀-235 被贫化，而且原来含铀-235 的位置内现在却包含着各种裂变物以及大约1％的钚。从反应堆中置换出来的乏燃料通常要在特殊设计的电站水池里存放大约一年。在这样的“冷却”处理期间，放射性裂变物在逐渐衰减，人们要让这种衰减一直持续到可以将燃料棒进行运输的程度。

然后，将乏燃料进行简单储存（美国、独联体）或进行后处理（日本、英国、法国），这要根据各自国家的不同情况进行处理，目的是要分离作为废物的裂变产物并且回收铀、钚和其他可以再利用的元素（97％的乏燃料可以进行回收）。目前，购买新开采并富集后的铀要比回收乏燃料便宜得多。可是，目前可利用的铀储量正在以更快的速度被消耗掉。如果我们要想保持现今地壳中的铀资源储量并/或减少与矿业生产相关的环境危害，那么对辐照过的乏燃料进行后处理就可以形成一幅良好的生态网，具有较高的战略优势。

铀的后处理技术推动了核武器扩散这种争论不能成立。因为这样的燃料循环所得到的钚并不是武器级的钚。军用钚有着完全不同的同位素成分，产品的制造要求也具有更加昂贵、完全不同的工艺技术特性。要想获得可制造原子弹的钚（或铀-235 或钍），还有许多比各民用压水堆乏燃料后处理更经济、更简单的工艺。在 20 世纪 60 至 70 年代还没有出现乏燃料后处理工厂的那段时期，美国、俄罗斯以及法国都在大规模地进行核武器的研制。这一时期所使用的反应堆既不是压水堆也不是沸水堆，而是专用的“钚生产”反应堆。

支持还是反对核燃料的后处理呢？钚扩散的风险有时被当

---

[138] 法国的 1 300 MW 压水堆，每支燃料棒都要持续运行大约 3 年，这样的运行期限将很快会随着燃料循环的改进而延长到 5 年。

成是一种反对核燃料后处理争论的焦点。事实上，反对回收处理的主要争论和动机仍然是经济问题。从环保角度上来讲，欧洲和日本所选择的后处理方式更像是清洁器，它减少了高放废物的数量并且回收了有价值的核燃料[139]，但是比起简单地储存辐照后的燃料的方法来更昂贵。目前，法国、德国、英国和日本这些国家都很关注环境，他们选择了对辐照后的燃料进行后处理。而美国有更多理由从短期角度来考虑，他们选择的理由是处理工艺更简单、价格更便宜就可以的方法：即对出堆后的辐照后燃料组件进行简单储存。

乏燃料的后处理

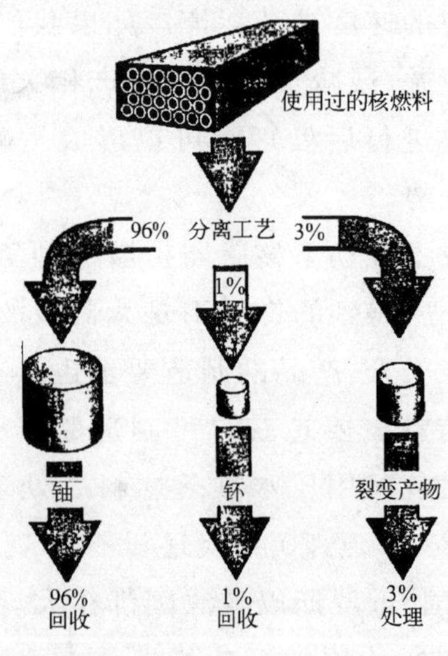

硝酸铀酰可回收（96%）、氧化钚可回收（1%）、裂变产物被

---

[139] 即使包括乏燃料的回收，法国的核电千瓦小时（kWh）总价也比美国的核电千瓦小时大约低 30%；这主要归功于法国核电站设计建造的标准化，电站设计和建造的标准化设计为安全运行提供了更高的可靠性。

玻璃固化后储存或可以在将来研究出新工艺时进行后处理(3%)。整个核燃料循环:97%使用过的核燃料都可以采用现有工艺技术进行回收,将来或许回收率会更高。

资料来源::*法国工业与国土开发部*

一座现代化核电站如何防止发生核事故

安全就是懂得如何避免危险。

欧内斯·海明威

由于许多安全防范措施被引入到核电站的设计、建造和运营管理中,普通市民和电站员工受到了很好的保护,最大限度地防止了核辐射的危害影响。不但在电站的设计(如压力外壳安全密封系统的建造、安全特性指南、自稳定式反应堆的设计等)引入了这样的安全防范措施,而且在这些设计项目(如报警、紧急停堆程序、安全装置、员工培训、防护服、个人辐射剂量)的运行应用期内也引入了这样的安全防范措施。

为确保核电站和附近居民的安全,核电站的建设必须遵循下述安全防范原则:

地址的安全性:头等重要。核电站选址时需要考虑几百个因素,包括地质结构风险(地震)、洪水风险、气候、核事件情况下对生活在附近居民所产生的后果影响[140](核电站应建在远离城市,并位于城市的下风处)以及对植物群、动物群和当地生态系统所产生的影响。

三重连续防泄漏屏蔽:核燃料被封装在三重安全密闭屏蔽内。第一层屏蔽是包覆铀燃料的金属包壳;第二层屏蔽是不锈钢反应堆压力容器器壁和一回路反应堆冷却系统(大约20厘米厚)。反应堆压力容器和一回路冷却系统被封装在第三层安全外壳元件内,钢筋混凝土的反应堆厂房构筑有一层大约1米厚的压力容器器壁(切尔诺贝利核电站没有构筑第三层安全密闭屏蔽);这第三层安全密闭屏蔽能够在堆芯熔毁或失火情况下阻绝放射性向堆外释放。

控制棒:由吸收中子元素的硼和镉所组成,悬挂在堆芯的上方。紧固机构一旦被松开,控制棒就会在重力的作用下落棒,并立即中断链式核反应。即使所有的控制系统都被毁坏,或者电站内整个电力系统发生故障,控制棒也能发挥作用。在最新型设计的反应堆中,控制棒可以在不到1秒的时间内被启动(切尔诺贝利核电站大约需要30秒)。

紧急停堆:无论何时发现异常工况,(如放射性泄漏、反应堆内任何部位的温度异常升高、冷却水流紊乱等),核反应堆都会立即被关闭。停堆程序将通过安全装置被自动启动;无需控制室的运行员介入。

双重或三重安全装置:所有的安全装置,如反应堆压力和温度探测器、反应堆冷却剂泵以及整个系统的电脑监控,全部采用双重设置,并且还设置有后备单元。当监测到这些双重安全装置中有一台出现异常时,控制程序就会自动切换启动另一台设

---

140 若让核电站(Nogent-sur-Seine)为巴黎地区提供电力。电站位于巴黎东南地区,离市区100千米。选择这一地址的部分原因是该地区多数时间刮西北向风。

备，同时启动运行安全和应急程序；必要时停止反应堆运行。

应对人为错误的保护措施：自动装置对核反应的强度、堆芯的温度和压力等进行监控。如果这些参数偏离正常值，控制棒就会自动松开，核反应将在无人干预的情况下被中止。即使运行员头脑发疯，想要故意引起一场严重的事故，他也根本无法办到，因为链式反应将通过安全装置被自动中断，值班运行人员根本没有办法使反应堆短路。

应对机械错误的保护措施：倘若出现机械、电气或与计算机相关的错误情况时，自动报警和安全保险机构将向运行人员发出警告。即使出现极小异常（不大可能）情况，例如某台自动报警设备或安全设备不能正常运行，运行人员也随时可以通过按下紧急按钮，实现手动停堆。

排热：即使机组电力系统全部停机，超大规模（和紧急备用）的冷却系统也能排放出存留余热。

自稳定式反应堆与正空泡系数：相对于切尔诺贝利的大功率沸腾管式反应堆，安全的现代化反应堆设计具有自动稳定功率水平的特性，从而减小了核反应的功率变化；使得反应失控的可能性非常小，尤其是反应堆冷却液损失情况下（如一回路冷却系统突然爆裂）：

— 负空泡系数的反应堆，核反应将自动停堆；

— 正空泡系数的反应堆，核反应将得到增强。

切尔诺贝利反应堆的设计是失败的，因为它是正空泡系数的设计；当冷却水转化为蒸汽后，反应堆失去了控制，温度急速上升，运行情况失控，无法挽救的损坏就在运行工程师还没明白是怎么回事之前已经发生。

减小反应堆建筑内的压力：反应堆的安全外壳结构具有完全密封的特性，所以，即使第一层安全密闭屏蔽（燃料元件包壳）和第二层安全密闭屏蔽（反应堆压力容器）发生泄漏，放射性微粒也不可能溢散出去。此外,反应堆建筑内的气压总是保持稍低于外部气压,因此存在某种泄漏也会是外部空气进入反应堆建筑而不是泄漏到反应堆建筑之外。

专用工作服:反应堆运行期间,反应堆建筑物内的放射性通常都很低。但是,为了避免任何可能的污染风险,对那些不得不在反应堆建筑物内完成的作业大都通过机器人自动完成或进行处理。进入反应堆建筑物的工作人员必须穿戴好防护服,佩带辐射剂量监测计。

运行期间的安全监测:核电机组运行时,控制室仪表盘上不停地显示着有关安全运行工况的各类相关信息。这些信息通过机组运行值班长和辐射防护安全工程师(RSE)进行监控。辐射防护安全工程师惟一的工作,就是不断地对机组的安全运行实施监测。运行和维修人员将通过电脑辅助训练技术,接受如何处理各种可能情况(包括核事故)的培训,其中也包括使用训练飞行员一样的模拟训练器[141]。

安全与人员培训的优先权:核电站、工作人员以及公众的安全应该永远优先于发电需要。工作人员应在思想上接受这种安全原则的培训教育。各个国家都不同程度地在推行这样的核安全文化,应该使核安全文化进一步发扬光大。前苏联的各共和国内并没有推行这样的安全文化。多亏切尔诺贝利核事故的震撼影响,这些共和国内的核安全情况才有了很大的改观,但还有待继续改进提高。切尔诺贝利和三里岛这两次核事故都证明了人为因素的重要性。自从1986以来,核电站的人员培训、人/机接口界面的可靠性和安全性,以及控制室人类工程学的应用在世界各地都有了很大的进展。

---

[141] 切尔诺贝利核电站,除建筑过时外,维修也不可靠(腐蚀、泄漏等),而且还缺少许多安全装置,没有充分对人员进行非正常情况下应遵守的应急程序培训。

20 世纪 60 年代出现的第一代核电站,是面向军事武器的或民用的原型堆;第二代核电站较第一代更安全;现阶段建造的现代化压水堆或沸水堆为第三代,设计非常安全;未来的第四代核电站,内在设计上更具有安全性,即使在最糟糕的运行工况下,电站自身就可以避免运行人员的各种疏忽反应。

从经验中学习-反馈:每一次非正常工况或事件,无论是多么轻微细小,都必须认真进行分析和研究,以便确定其原因,总结出经验,改进今后电站的设计、电站设备、员工培训、人/机接口界面和电站的安全。核电工业相当重视安全文化,所以核电工业领域的安全工作做得非常好。有趋势表明,作为改进系统的一种经验反馈结果,这种对核安全的重视程度将会随时间的进程而进一步受到重视和提高。西方核电机组的可靠性程度远远大于前苏联的核电机组。例如,相比于三里岛核事故,今天的反应堆安全性和可靠性已经取得了很大的进步(我们当然记得,那场核事故对环境没有造成任何影响,也没有任何人员伤亡损害)。下一代反应堆的设计目标,如欧洲压水堆(EPR),比现在压水堆的可靠性要高出 10 倍(发生事故的可能性小 1/10 倍),这正是得益于多年来电站运行和改善设计所获得的经验[142]。

事故风险:核事故虽不大可能发生,但其可能性仍然存在。因此,我们必须努力使这类不测事件的危害后果降低到最小程度。运行人员需要或者应当通过模拟器接受核事故处理方面的系统培训,从而懂得在核事件或核事故情况下应遵循的相应处理程序。

放射性管理:对放射性进行定期检查,其目的在于对内保

[142] 欧洲压水堆(EPR)正在由法马通(法国)和西门子(德国)的工程技术人员联合进行研制。2000 年 12 月,这两家公司合并成为法马通先进核动力联营公司(AREVA NP)。

护核电站员工，对外保护公众与环境。记录仪需要或者应当在独立于电力公司的机构监控下连续运行。测量记录的内容包括温度、核设施上下游水中的放射性，以及核电站周围几个监测点的环境大气放射性。

三重密闭屏蔽
使核燃料与外界环境形成隔绝

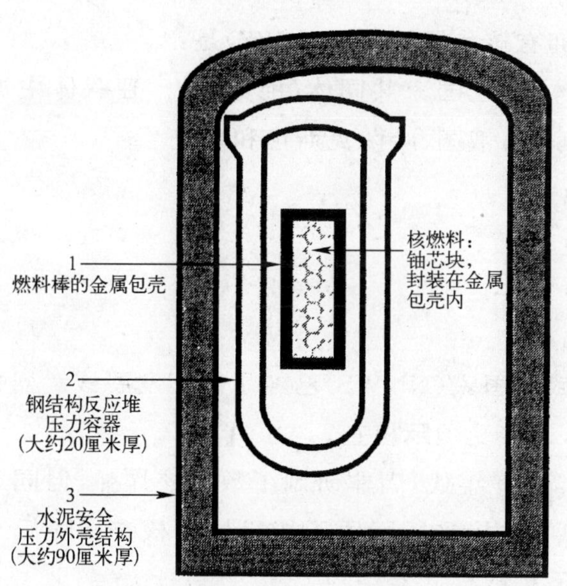

所有现代化的核电站都设计有这样的三重安全密闭屏蔽。切尔诺贝利核电站，没有设计有第三层安全密闭屏蔽(混凝土安全壳厂房)：如果设计有这样一道安全壳厂房的话，这场核事故所释放出来的放射性即使不完全被安全屏蔽在电站内也不会有很高的剂量。美国宾夕法尼亚州的三里岛核电站就筑有混凝土安全壳厂房：结果堆芯熔毁后没有造成人员死亡或伤害，而且释放到环境中的放射性也非常有限。

拥有核武器的国家及其核扩散问题

自 1969 年以来，已有 187 个国家签署了不扩散核武器条约(NPT)[143]。签约国分为两大阵营：NWS-核武器国和 NNWS-非核武器国。

正式拥有核武器的国家(NWS)是：

独联体：独立国家共同体(前苏联)。独联体中拥有核武器的三个国家是：俄国、哈萨克斯坦和乌克兰；

中国；

法国；

英国；

美国。

非核武器国家(NNWS)已经承诺不发展核武器并公开各自的核设施，以接受国际核查。

20 世纪 80 年代，南非研制了数枚核炸弹，但同意停止核武器研制计划，并接受国际原子能机构的核查。随后 1991 年，南非签署了不扩散核武器条约。

下列国家还没有签署不扩散核武器条约：

— 古巴[144]；

— 以色列：公认为拥有核武器的国家，但迄今为止既不正式承认，也不否认；

— 印度和巴基斯坦，两个国家都在进行地下核爆炸试验。

---

[143] 资料来源：国际原子能机构(IAEA)，2000 年。不扩散核武器条约的签约国全部名单由 IAEA 提供(见文后实用机构地址目录)。

[144] 古巴属于特拉泰洛尔条约国(Treaty of Tlatelolco)，该条约明确规定了拉丁美洲为无核区。

下列这些国家已经签署了不扩散核武器条约，但却通过某种或他种方式违背了自己的承诺：

— 他们正在试图或已经在研究发展原子武器；

— 他们已经获得或已经具有获得原子武器的意图；

— 他们没有按照条约的要求开放自己的核设施，接受国际原子能机构(IAEA)的核查。

伊拉克：1969 年签署了不扩散核武器条约；伊朗：1970 年签署了不扩散核武器条约，但这两个国家都在试图发展原子武器；

利比亚：签署了不扩散核武器条约，但是卡扎菲上校(Colonel Khadafi)的态度并不明朗。

朝鲜：1970 年签署了不扩散核武器条约，但随后却退出。它有可能正在研发原子武器和携带原子武器的导弹。

某些放射性物质的半衰期

按照定义，放射性元素不稳定，它以各自的速度在衰减。放射性物质的半衰期是指某一规定放射性物质的活性减少 50%（一半）所需的时间。下列放射性同位素（按递增顺序列出）的放射期为：

— 氡-222(天然)：3.8 天；

— 碘-131：8 天；

— 铯-131：9.7 天；

— 钴-60：5.3 天；

— 氚(天然)：12.3 年；

— 铯-137：30.1 年；

— 镅-241：432 年；

— 碳-14(天然)：5 730 年；

— 钚-240:6 550 年;

— 钚-239:24 110 年;

— 铀-235(天然):7 亿零 4 百万年;

— 铀-238(天然):45 亿年。

无论什么样的放射性物质,经过一个半衰期之后,放射性已从初始的值减半,2 个半衰期之后,放射性剩下四分之一(2×2),3 个半衰期之后,剩下八分之一(2×2×2),10 个半衰期之后[145],减少到千分之一。例如,医院为病人进行甲状腺检查时用的碘-131,放射性每 8 天就减少一半[146]。

有些放射元素的半衰期很长,可以长达数千年或数百万年,这些放射性的衰减很难被人察觉到。这似乎是件使人困惑的事。所以,普通百姓就如环保主义者一样,对这样的说法会觉得恐慌。不过,这样的忧虑不能得到证实是因为:

> 半衰期很长的放射性物质总是很稳定,它的放射性很微弱,因为每个原子在每个时间单位里仅有很小的分裂概率。像铀这类元素,放射性长达数百万年,却只有非常微弱的放射性。从放射性的观点来看,裸露于自然界甚至浓缩后的铀也不是非常危险,我们只需带上普通塑料手套作保护就可以直接对其进行处理。铀与铅、汞和其他重金属一样,具有一定的化学毒物,但是其放射性并不危险。

铀释放的 α 微粒仅仅用一张纸就能完全阻隔。只要你没有

---

145 $2 \times 2 \times 2 \cdots \times 2$ (10 倍) $= 2^{10} = 1\ 024$。

146 如果放射性同位素长期滞留在病人体内,病人就可能接受到与滞留期相应时间的辐照(辐照减少到千分之一需要 10 个半衰期)。在某些情况下,放射性同位素可能通过尿液不同程度地快速析出,使病人受到的辐照相应减少。在对一位甲状腺碘饱和的病人进行碘-131 吸入情况的研究时发现,放射性碘自身不会固化到甲状腺内,而是快速通过尿液析出。另一方面,如果病人患碘缺乏症,那么碘就有可能停留在甲状腺内直至衰减。

将这种微粒大量地吸入到体内，就不会有危险。

> 如果将几克铀小心包装在塑料袋里并放置在你的枕头下，你睡在这样的枕头上的危险也远比你开车或骑自行车给你所带来的危险小得多！

我们同样也能平息居住在铀矿附近居民的心理恐慌。铀在自然状态下非常稳定，只释放出非常微弱的放射性。这就是为什么铀仍然能存在于自然界的原因。换句话说，铀在很久以前就可能衰减了，只是我们迟至今日还没有感觉到。铀并没有呈现出任何特殊的辐照危险，因为它发出的放射性非常微弱。提纯铀矿物并不会以任何方式增加其放射性。

海平面上主要的自然辐射源是氡-222，差不多占了自然辐射的二分之一。氡呈气态，是铀和钍的裂变产物，自身具有放射性，通过释放 α 粒子而衰减。氡气从岩石裂缝中渗出，可以到达地表并在衰减之前释入大气；氡的半衰期为 3.8 天。然而，氡气生成的总量很少，完全天然形成，它并不对公众健康带来任何危害[147]。

食品辐照

越来越多国家正在研究的辐照工业化应用就是指食品的射线辐照，也就是说让这些食品接受伽马射线、X 射线或高能电子等形式的高能辐射。这种做法的优点在于辐射可以延长包装食品的储存期限。

[147] 因此，没有理由在某位环保主义者首次使用一支盖革计数管时发现他的家、他的邻居家或他孩子的学校具有放射性时感到恐慌。这可能是事实，但这种放射性是天然的，没有危害危险。许多环保主义者仍然不明白自然界中到处都存在着放射性。

一台辐照设施由一间具有厚混凝土墙或铅壁的辐照小室组成，故无射线逸出。发射伽马射线的放射源通常是钴-60（半衰期5.3年），钴被置于辐照小室的中心[148]。辐照工艺相当简单，只需将食品放进辐照小室，并放置于射线的照射之下直至接受到要求剂量的辐射。普通百姓常常认为辐照后的食品也变成具有放射性。实际上事情并非如此（见前文我们所讨论过的辐照与污染之间的区别）。为了避免任何这方面的混淆，术语“电离”有时会用于代替“辐照”[149]。

如果辐照的剂量足够高[150]，就可以杀死食品内所有形式的生命体，尤其是真菌和细菌。因此，这是一种不需加热的食品巴氏灭菌法，也是化学处理和热处理的替代方法。准备进行辐照的食品通常都要预先包装，以防止食品经辐照后受到新的细菌污染。食品辐照的优点在于大大延长了新鲜食品的储存期限；洋葱和马铃薯不会发芽，水果和蔬菜保存时间更长，因而几乎没有多少浪费。例如，草莓接受辐照后延长了15天保鲜时间，否则一周内草莓就会霉烂掉。

食品的辐照受到国家立法的严格管制，国家立法是以国际原子能机构、国际粮农组织和世界卫生组织[151]专家委员会的建议为依据，原则上，只有经特殊指定的食品才可以接受辐照，而且国家与国家之间列出的辐射范围也有所区别。任何情况下，

---

148 在某些辐照设施中，电子加速器给食品发射10兆电子伏特的电子。

149 原子的辐照使电子射离核子，核技术上称之为原子电离。用于食品照射的辐射能量并不足以使核子发生改变。可能需要有相当强大的辐照才能破断质子与核子的键合力；这些黏聚力比黏接原子电子与核子的键合力大约要强大100万倍。

150 使用的剂量大约为1千戈瑞（视辐照食品和国家的不同，一般为0.1 ～ 10千戈瑞），相对较高，远远大于天然辐照的强度。这样强度的剂量对人类来说当然是致命的，因为这些剂量事实上是用于细菌射线照射。

151 IAEA：国际原子能机构；FAO：国际粮农组织；WHO：世界卫生组织。

最大辐射剂量不得超过 10 千戈瑞。

农产品辐照目前已在超过 45 个国家获得批准，其中在 23 个国家已经商业化应用。在东欧，小麦和马铃薯经常接受辐照，以免霉烂和发芽。在法国，部分马铃薯作物自 1972 年起开始接受辐照；香料和香草从 1975 年开始；冬葱，蒜和洋葱从 1977 年开始；某些谷类、豆类和干果类以及机加工肉类（去骨家禽）、蛙腿和草莓始于 1988 年，而且一些卡门贝干酪则始于 1992 年。南非从 1982 年开始使用食品辐照，现在无疑已成为出口鲜果，如草莓、芒果、鳄梨中使用辐照最主要的国家。澳大利亚和日本，以及若干东亚和太平洋沿岸国家，对海产品和热带水果都进行辐照处理。

然而，立法管理的食品辐照不提供标签标识，消费者就没有办法知道自己所购买的食品是否已经经过辐照处理。管制电离的法律业已颁发，但是没有办法核实其应用情况。这些法律可能普遍被滥用，这样的情况经常是，某些国家的生产商“忘记”在产品包装上标注“辐照”字样。在欧洲，从法律上讲，辐照后的食品必须以标注标签标识为条件，但是法律并不总是得到遵守，每年都有许许多多电离设施在运转、数千吨食品接受辐照处理，然而市场上却很难见到何种食品有“已辐照处理”的标注。

摄入辐照过的食品对我们的健康会有什么影响？虽然辐照过的食品不会变得带有放射性，但是电离却产生了许多新的分子，叫做辐照分解物（radiolysates）。多年来，实验室小白鼠一直以辐照后的食品作为其日常进食的一部分在喂养，但小白鼠并没有显示出明显的机能性紊乱[152]。根据该实验得出了一项可靠的权威性结论，即：电离杀菌对人体无害，工业辐照是允许的。但这些研究是应工业辐照公司的请求并在其资助下完成的，而

[152]《观察家》，“争议中的射线照射”观察家杂志增刊，第 2 期，第 2～19 页，1991.11.

这些公司本身的目的是要获得必需的权威认可。因此,人们不禁惊讶这些结果是否还可信?虽然这些辐照分解物对小白鼠来说可能无毒,那我们又怎么知道它们对人体有些什么影响呢?从长期看呢?或喂食其他鼠种呢?对儿童呢?对最脆弱的个体呢?还有几代之后呢?不知道。

食品辐照处理法倡导者的主要观点是:

— 现有的研究表明,电离导致的分子改变并不比烹饪或者使用某些化学制品的危害大,这是真实的;

— 辐照分解物与烹饪形成的分子很相似,但数量要少,这与最初的估计一样,也是真实的。事实已经证明,大约 60 种辐照分解物与烹饪或传统食物加工形成的产物相同[153]。

因此,食物的电离或许并不比烹饪更危害健康。

然而,这一推论并不足以证明食品辐照就是正确有理,因为这一推论是基于规律性地摄入烹煮或加工后的食品无害这样一条假设,而这一假设还未经证实。相反,食物的烹煮及其改变却日益被怀疑为我们现代文明病的起源:如癌病、心脏病等等。这就是为什么推荐食用诸如鲜果、原生蔬菜而非烹煮的原因所在。当出现任何其他新技术,在涉及食物的人为改变时我们必须格外谨慎小心。因为这完全有可能出现一种人们广为关注的工业替代品,以替代某些当前更有害的加工方法。就我本人而言,我更倾向食用尽量少受化学、辐射或加热改变的高品质果蔬以及其他天然有机食品;而且,我本人非常在意烹饪过程,因为烹饪方法将引起食物的化学成分发生不可忽视的改变。

---

[153] M. 诺文奇、M. M. 赫克勒(M. Novitch & M. M. Heckler),联邦政府年鉴,第 49 期,第 5714 页,1984. 6.

消费者应该被告知食物从播种到上市所经历过的全部过程:包括化学肥料的使用情况、辐照处理或含烹饪在内的任何其他处理方式。但是今天的情况的确并非如此;即使在这方面颁布有法律的国家,这些规定也没有完全得到遵守落实。此外,从没有食品标识要求的国家[154]进口辐照过的食品,将会误导消费者购买那些看起来似乎非常新鲜富含维生素的产品,然而实际上这种产品可能已经很陈旧,只是在几周前进行过辐照处理而已,正因为其辐照才延长了储存时间,但却导致这种产品的维生素含量减少了一半。

高达常规辐射本底约一千倍的高放辐射,天然存在于世界上放射性最强烈的地区;这样的放射性对活体物种、动物或人类并没有危险。用于辐照食品、杀灭细菌和霉菌的辐射剂量比自然界中所发现到的最高剂量还要高出数百万倍,对人类来说,这一剂量水平远远超过了致死剂量。辐照杀灭食品中的细菌和霉菌,但同样也导致了维生素的损失,并产生更复杂的化学变化,而这种变化的后果还没有被彻底搞清。仅这一点,我就认为让我们食用这种接受过如此大剂量而且非自然辐照的食物是非常不明智的选择。

无论我们个人对食品辐照是赞成还是反对,最重要的一点就是消费者的选择自由。消费者应被告知食物所经历过的各种处理过程,这样他才能够在充分了解事实的基础上做出自己的选择。

所以,某些人可能宁愿选择含较少毒素的电离食品,而不是含较多毒素的烹饪或化学处理过的食品;另外一些人,像我一样,可能更喜欢有机生长的食品、富含维生素的新鲜食物,喜欢

[154] 例如,以色列和南非出口大量经过化学处理或辐照处理的新鲜食品。

直接食用原生形态的食品。有一个重要的事情需要告诉大家：

辐照处理破坏了某些维生素，并且改变了食物结构。

辐照处理过程导致了某些维生素组分产生实质性的，甚至是大量的流失[155]。核黄素、烟酸和维生素 D 对辐照不很敏感，但是其他维生素可能很容易被破坏。维生素 A，E，B_1，B_6，PP 和 K 最容易受影响，维生素 K 最脆弱。如果维生素所处的周围环境富含水分，这些维生素则更容易被破坏，我们主要的维生素来源，各种水果和蔬菜就是这样的情况。而且，许多辐照过的食物包括谷类，在进行辐照处理前都要进行加热处理或脱水处理，所以我们应当考虑到因热处理和辐照处理过程而形成的维生素累加流失。

辐照过的糖类在化学结构上经受了相当大的改变。例如，受到 10 千戈瑞辐照的玉米（小麦）粉将产生以下影响：

— 聚合度减少 1/2；

— 每千克样品中出现 2.5 克新的可溶化学物质（辐照分解物）。

油脂（脂肪）对辐照特别敏感，因为它们很容易被氧化。肉类、鱼类以及其他富含脂肪的食品经辐照处理会产生各种异味，尝起来有点像添加了化学香料或者香味强化因子的工业药品的味道。

因此，消费“电离”食品到底有益还是无益？这些被少量细菌轻度污染后的食品显然没有多少危害风险[156]，比烹饪过的食品被改变的程度小；但是这类食品经历过分子变化，并且损失了

---

[155]《观察家》，“争议中的射线照射”观察家杂志增刊，第 2 期，第 2～19 页，1991.11.

[156] 食物中含有的细菌确实对修复我们肠内的菌丛十分有利，因此一些人认为这是一个有利因素，而其他一些人却看成是一个不利因素。许多细菌是“益”菌，我们与这些益菌共生互利。相反，辐照并不区分“益”菌还是“有害”菌。

部分维生素含量;但我们并不真正知道,这些含有辐射分解的食品一旦进入消化系统会发生什么事儿。看来,似乎在任何情况下采用辐照处理使纯净分子的药物胶囊灭菌或者使准备烹饪的备用膳食灭菌多少还是有点儿合乎逻辑。但是辐照处理新鲜农产品,如草莓、芒果、鳄梨这类主要品质恰好依赖于其新鲜并富含维生素的产品,尚无公论。

如果可以选择的话,就让每个人自己进行选择;也就是说,只要把所采用的电离处理及辐照剂量在所有辐照过的食品包装上提示清楚就行。这种管理规定应当适用于采用食品辐照处理的所有国家的全部产品。

水果出口国不应该允许对外出口几千吨的水果而不说明这些水果是否进行过辐照处理。提示食品辐照处理的义务应以全球法律的形式强制执行,然而今天的情况并非如此。

人们有权知道核电站如何运行、适用什么样的标准、电站运营商和政府部门对公众健康给予了多大的关注。作为在一个完全不同的领域,人们有权知道自己所购买的水果是怎样种植、怎样处理,而且这些水果是否经受过辐照处理。

这张象形图是欧洲联盟(EU)推荐用于辐照产品的标识,该图具有一个引人注意的环保外视形象。肉眼无法辨识辐照产品与非辐照产品之间的区别,因此,强制性标签标识就成了消费者知道某种产品是否经过辐照处理的惟一途径。当然,为了确定某项产品是否经过辐照处理,我们也可以要求进行化学分析。某些国家,尤其是以色列、南非以及逐渐增多的亚洲国家,出口辐照食品却并不总是告知进口商,当然就更不会告诉消费者了。

一种辐照过的产品并不具有放射性,但它的确发生了转变。辐照处理破坏了某些维生素,因此改变了食品的味道并制造出新的分子,称之为辐照分解物(radiolysates)或放射产物(radiolysis products),这类东西对人体是否有长期的累积影响现在还不能确定。

身边出现核事故(或原子弹爆炸)的情况下应该如何做

给普通百姓的基本忠告和常识:

核能的军用以及民用风险,在公众包括新闻记者的心目中,几乎总是被夸大其词。所以,我给大家的第一指导建议是:核爆炸时不要惊慌,保持冷静,因为爆炸给公众带来的实际风险很可能比我们所担心的要低得多[157]。

在核电站附近发生核事故或者离你居住地很远的地方(超过数十千米)发生原子弹爆炸情况下,如果你没有直接处在爆炸点的顺风处,那么,首先不要惊慌,目前暂时还没有直接的危险。要保持冷静,呆在家里,收听广播或看电视,同时等待有关部门可能提供的指导性建议,这些指导建议或许与你无关,因为你所在的区域不会受到重大影响。关注天气预报,注意风速和方向。

就我们所知,核电站不可能像原子弹那样发生爆炸。民用核设施发生事故时,最糟糕的结果可能就是放射性物质释放到周围环境中。但无论这场核事故有多么严重,即使严重到与切尔诺贝利核事故一样,我们也永远不会看到原子蘑菇云从核电站升起。核电站事故带给公众的惟一风险就是放射性裂变物将以含碘-131 和其他裂变产物的放射性烟云而溢出。只要核电站

[157] 相反,与放射性物质打交道或在放射性区域内工作的核电站工作人员、核科学家和医务人员,他们确实存在着一种对真实却不可见的辐射风险估计不足的倾向。因此,他们必须在各自的工作中小心谨慎,佩带好剂量计,这样就可以准确监测到他们所接受到的照射剂量,从而核实他们的实际工作和行动是否符合可接受的剂量限值。

设置有钢筋混凝土的安全壳厂房和相应的安全装置，那么任何释放都是微不足道的。即使在没有安全屏蔽结构装置的这种最坏情况下，也只有那些居住在电站附近并正对着电站顺风处的居民才会遭受到类似于切尔诺贝利核事故那样的直接威胁。

很重要的一点需要在这里说明一下，那就是几乎所有的西方核电站都特别安全，因为这些核电站的内部建造采用的是钢筋混凝土安全屏蔽结构，壁厚约1米。即使反应堆失去控制达到堆芯熔毁的程度，其放射性的释放也极其微小，无论有什么东西溢出反应堆压力壳，几乎都能够被屏蔽在安全密闭结构内，就像三里岛核事故的情况一样。

身边发生核事故情况下的一般性指导建议：

如果有任何风险的话，请呆在室内，室外的风险总是远大于室内。关闭好门窗，切断通风系统。收听广播（身边随时备上一台电池电源收音机，以防电力故障），留意无线电或广播车播送的公告。做好发布撤离指令情况下必备衣物、药品、护照及其他私人证件方面的准备；只有当放射性气体释放进大气中，并且无安全屏蔽结构电站周围辐射半径达10～30千米这样的重大核事故情况下，上述做法才是合理的。总之，不要惊慌，保持冷静，呆在室内，严格遵守有关当局的指令。

下述做法是不明智的：

—如果你不能够呆在家里或离开了所在区域，在污染区内来回走动；

—饮用受过污染的水，受污染区内的自来水可能在几天之内都不能饮用（但也不完全是这样）；

—进食受过严重污染区域内的食物；另一方面，核事故发生前所收获的任何食物皆可食用。

核攻击或核事故时可能涉及宰杀遭受了严重污染的动物、禁止出售或消费某些放射性可能超过批准限值的食物，特别是放牧于受碘-131污染牧场内的奶牛所产的牛奶。这种情况下，应对公众的卫生健康进行检测。

即使在遭受辐照或污染的情况下，也请遵守医生和主管部门的指导建议；保持冷静，寻找掩体。大量喝水，以加速你可能吸入体内的放射性物质的代谢，如碘-131。碘片可以通过公共卫生部门发放给普通居民；这些碘片的目的在于使甲状腺中的非放射性碘达到饱和，这样吸入的或吸收的放射性碘就不会在甲状腺中沉积下来，而是加速代谢。

一座建造精良的核电站发生非常严重的核事故，这种情况几乎不可能，其后果影响也会非常有限，完全不能与核炸弹所产生的影响相比。

核武器的破坏性比任何可能的核电事故的破坏性都大得多。

身边发生核武器攻击情况下的通常性指导建议：

核弹爆炸产生的威力非常强大（数千吨或数百万吨 TNT 当量），有意杀害成千上万的无辜百姓。本人强烈反对拥有，甚至更反对使用任何这类核武器。根据核弹的威力和特性以及是空中爆炸还是地面爆炸，我们就可以判断爆炸后有无残留放射性危险和危险程度。

其时，对我们最好的保护措施就是在家待几天，保持门、窗及百叶窗关闭，切断通风系统。听广播，看电视，而且试着判断你是否处于攻击目标的下风处，是否有可能遭受到放射性烟云的影响。做好发布撤离指令情况下需要做的各项必要准备工作。

结论：
让我们大家一起来共同建设一个更加美好的世界

“未来终归会自己到来，而且与我们同步共进。”

保罗·赫宁森
丹麦哲学家

核能是迄今为止易于大量获取的能源而且对环境十分友好。在21世纪之初，我们需要一种环保与科技的合力，来建造一个更好、更美丽、更适宜居住并更尊重环境的世界。为了实现这一目标，我们必须改变我们的生活方式；在能源领域，我们必须改进能源生产和使用这两个环节，而且尽可能减少能源消费。

核电站和工业设施通常应尽人力所及建造得更安全。必须鼓励研究能量守恒、替代能源以及快中子堆、核聚变和将来某个时候可能生产更清洁、尤其是数量无限的新能源。

首先，我们必须接受一种更环保的生活方式，更好地应用现代化交通和通讯手段，让我们的住宅隔热性更好，从而减少供热；不吸烟，生活方式规范，积极向上，微笑人生。我相信这样会使我们大家更快乐，这也是康姆研究所(Comby Institute)出版本书的最终目的。我们还必须尽其所能，共同创造更好的生活方式，为平和这个紧张的世界贡献自己的力量。

我们必须立即终止各种核武器试验，迅速大量地削减核军备。在此谨提议将原子武器提交国际管制，这样就没有哪个国家可以单独启动核爆炸。和平与忠告的好处将惠及整个地球，使持续玷污人性的血腥战争画上一个句号。

全球的铀存量并非无穷无尽。因此我们必须保存能源，优化核电站的使用。我们必须通过乏燃料回收学会管理好放射性废料。法国、英国和日本已经在这样做，但美国还没有。在所有能够被大规模生产和合理利用的能源生产工艺中，核能无疑是我们最佳的选择。它使经济的需求与我们最优先的考虑和谐一致：尊重环境，保护地球。基于裂变的核能在迎接快中子反应堆发展的同时将允许我们继续寻求环境、经济和科技的进步；快中子堆技术是可用的，现已有几座快中子堆成功投入运行，人们可能已经注意到了 1 300 兆瓦“超凤凰”全尺寸商业快中子反应堆的问世。

法国前环保部长迈克·伯尼尔曾题写“环境保护与现代生活必须以一个积极乐观的态势和谐发展”。

我们必须共同建造一个我们全体地球人都将快乐健康生活的更美好的世界。环境保护肯定是我们主要关心的问题，为的是我们能够对自己的子孙承诺：地球将保持适宜居住和舒适。除简单的核能问题外，本书还试图调和环境保护与科技发展之间的关系，并提出了通向一个更美好世界的途径；世界的发展，得益于科技的研究；我们期待着一个可以让我们与自己、与自然、与他人和谐共存的世界。

组织周密的环境保护始于家庭。我们必须尽己所能节省能源,避免污染我们自身器官,保护环境,帮助那些有需要的人,改变我们自己的生活行为。如果我们大家都不在自己的日常生活中付诸行动的话,那么我们周围又还有谁会呢?

为了公众的健康和安全,最基本的是核监督及其管理机构必须完全独立于运营商和核能工业。即使我们具有世界上最美好的愿望,但有时也很难满足对立利益的目标:即在确保核设施和当地居民最大安全的同时,还要实现最低的发电成本。

在私营企业里,生产经理和安全管理经理通常都是不同的两个人。在国有核能领域及其机构组织中也应该采取这样的实际管理方式。运营商、政府和核安全管理部门必须尽可能相互独立,允许各方实体行使各自能力领域里的职责,为各方利益相互验证检查。如果验证检查部门不仅在技术上而且在财政上都独立的话,这种操作模式才有可能实施。

优先考虑生产、为了商业利益而牺牲安全,这始终存在着风险。一个人不可能同时既是审判者又是参与者。因此,为使系统正常运行,安全机构必须是真实的客体,不是反核组织。安全机构的管理目的不是要关闭核设施,而是要确保这些核设施的安全运行。有许多国家,特别是前苏联,缺乏一个靠得住、客观公正、具有扎实核技术的安全部门(即,工程师接受过安全技能的良好培训),该安全部门应完全独立于运营商和核能工业,并审慎使用公共基金[158]。

在太多的时候,我们对核能倾向于“完全赞成”或者“根本反对”。在我看来,问题在于我们不明白到底是赞成还是反对。核电站已经存在,并且为我们提供大量的服务。所以,问题是如何让已经起步而且目前正产生积极效果的核能继续发展。“如果

[158] DSIN 在法国接受工业部和环境部的联合监督。

……，我就赞成”的态度似乎比“完全赞成”或者“根本反对”核能的这两种极端更讲道理。过分单纯的想法以及短视的判断通常都是危险的。无论什么问题，我的信念是，盲从、过早判断和碰运气都将徒劳无益。如果关于核能的争辩要以赞同派和反对派之间的争战来结束，那么我们的社会将一事无成。我们需要的是文明对话，对话中的公众和决策者都应尽可能获得完全、客观、科学的信息，这样每个人才能够明白核能的优势和风险，我们才能够冷静地做出各项有益的决策，而不是陷入一场慷慨激昂的大辩论之中。正如我的一位环保学者朋友最近告诉我的，“科技已在20世纪取得了巨大的进步。为了让它变得更加可靠，我们现在同样必须要增长自己的学识”。

适用参考信息

ACR：美国应用辐射学技术学院

American College of Radiology

地址：1891 Preston White Drive，Reston VA 20191

电话：+1 800 227 5463

网址：www. acr. org

AECL：加拿大原子能有限公司（乔克河核研究室）

Atomic Energy of Canada Limited（Chalk River Nuclear Laboratory）

地址：Chalk River，ON K0J 1J0，Canada

电话：+1 613 584 3311

传真：+1 613 584 1350

网址：www. aecl. ca

ALSTOM：法国能源与运输公司

French Energy and Transport Company

地址：25 avenue Kleber，75795 Paris Cedex 16（France）

网址：www. alstom. fr

ANL：美国阿贡国立实验室

Argonne National Laboratory

地址：9700 South Cass Street，Argonne IL 60439，USA

电话：+1 630 252 2000

网址：www. anl. gov

ANS:美国核学会

American Nuclear Society

地址:555 N. Kensington Ave., La Grange Park, IL 60525, USA

电话:+1 603 352 6611

传真:+1 603 352 0499

网址:www.ans.org

AIP:美国物理研究所

American Institute of Physics

地址:One Physics Ellipse, College Park, MD 20740-3843

电话:+1 301 209 3100

传真:+1301 209 0843

网址:www.aip.org

APS:美国物理学会

American Physical Society

地址:One Physics Ellipse, College Park, MD 20740-33844 Executive Office

电话:+1 301 209 3200

传真:+1 301 209 0835

网址:www.aps.org

AAPM:美国医学物理学家协会

American Association of Physicists in Medicine

地址:One Physics Ellipse, College Park, MD 20740-3846

电话:+1 301 209 3350

传真：＋1 301 209 0862

网址：www. aapm. org

BNFL:英国核燃料有限公司

British Nuclear Fuel Limited

经营从燃料制造到废物管理的燃料循环业务，拥有西屋公司和ABB公司核能分部,运营7座核电站。

地址:Risley，Warrington，Cheshire WA3 6AS，UK

电话：＋44(0) 1925 832 000

传真:＋44(0) 1925 832 711

网址：www. bnfl. com

BNIF:英国核工业论坛

英国民用核工业贸易协会

地址：Whitehall House，41 Whitehall，London SW1A 2BY，UK

电话：＋44 (0) 20 7766 6640

传真：＋44 (0) 20 7839 4695

网址：www. bnif. co. uk

BNL:美国国立布鲁克海文实验室

Brookhaven National Laboratory

地址:Upton NY 11973，USA

电话：＋1 631 344 8000

网址:www. bnl. gov

CAP:加拿大物理学家协会

Canadian Association of Physicists

地址:Suite 112, Mac Donald Building, 150 Louis Pasteur Priv., Ottawa, Ontario, Canada, K1N 6N5

电话:+1 613 562 5614

传真:+1 613 562 5615

网址:www.cap.ca

CNA:加拿大核协会(工业界、教育界、政府部门、研究机构)

Canadian Nuclear Association

地址:130 Albert Street, Suite 1610, Ottawa, Ontario K1P 5G4, Canada

电话:+1 613 237 4262

传真:+ 1 613 237 0989

网址:www.cna.ca

COGEMA:法国核材料总公司(法国核燃料公司)

Compagnie Générale des Matières Nucléaires

地址:2 rue Paul-Dautier, B. P. 4 F-78141 Vélizy-Villacoublay Cedex, France

电话:+33(0)1 3926 3000

传真:+33(0)1 3926 2700

网址:www.cogema.fr

DAF:德国原子论坛 e. V.,德国民用核工业贸易协会

Deutsches Atom Forume. V.

地址:Reinhardtstrasse 14, D-10117 Berlin

或 Tupenfeld 10，D-53113 Bonn，Postfach 12 06 11

电话：+49(0)30 288 805 0 或 +49(0)228 507 0

传真：+49(0)30 288 805 20 或+49(0)228 507 219

网址：www. atomforum. de

DNC：荷兰核能联合会；荷兰核能机构

Dutch Nuclear Consortium

地址：Radarweg 60，P. O. Box 58026，NL-1040 HA Amsterdam，The Netherlands

电话：+31 20 580 7190

传真：+31 20 580 7041

DOE：美国能源部

U. S. Department of Energy

（美国原子能委员会接替机构）；能源研究办公室

地址：Washington DC 20545，USA

电话：+1 301 353 3713

传真：+1 301 353 3833

网址：www. doe. gov

EDF：法国电力公司

Electricité de France

法国国家电力业主，设计和运营世界上最大规模的核电站（60 000 MWe）；欲了解或访问某一座核电站，请与 EDF 公关部联系。

地址：2 rue Louis-Murat，F-75384 Paris Cedex 08，France

电话：+33(0)1 40 42 28 20

网址：www. edf. fr

EPRI:美国电力研究所
Electric Power Research Institute
地址:3412 Hillview Avenue, Palo Alto CA 94304, USA
电话:1 800 313 3774, +1 650 855 2121
网址:www.epri.com

EURATOM:欧洲原子能联营公司
European Atomic Energy Community
地址:200 rue de la Loi, B-1049 Brussels, Belgium
电话:+32(0)2 735 0040

EURODIF:法国、比利时、意大利、西班牙、伊朗(气体扩散铀同位素分离)联营公司
法美金属公司-核电站及相关服务业务的欧洲铀浓缩公司(Cogema 集团)
地址:4, rue Paul Dautier, F-78142 Velizy Villacoublay Cedex, France
电话:+33(0)1 34 63 26 00
传真:+33(0)1 34 63 26 10

ENS:欧洲核学会
European Nuclear Society
由大西洋到乌拉尔这一区域内 26 个欧洲国家的 27 家核学会所组成的一个欧洲联合会
地址:Belpstraβe 23, P. O. Box 5032, CH-3001 Berne, Switzerland
电话:+41 58 286 69 82
传真:+41 58 286 68 45
网址:www.euronuclear.org

FEIF:芬兰能源工业联合会

Finnish Energy Industries Federation

地址:Eteläranta 10, PB 21, 00131 Helsinki

电话:+358 9 686 161

传真:+358 9 686 1630

网址:www. energia. fi

FNES (SFEN):法国核能学会

French Nuclear Energy Society

组织科技情报会议,资助 RGN 核杂志

地址:67 rue Blomet, F-75015 Paris, France

电话:+33(0)1 53 58 32 14

传真:+33(0)1 53 58 32 11

网址:www. sfen. org

FORATOM:欧洲原子工业公会

European Atomic Forum

欧洲核工业贸易协会,13 个成员国

FBFH:rue Belliard 15-17, BE-1040 Brussels, Belgium

电话:+32(0)502 4595

传真:+32(0)502 3902

网址:www. foratom. org

FRAMATOME ANP:法马通先进核动力联营公司

法国核电站建造商、核燃料元件制造商,是世界同业中的最大企业,并购了西门子核能分部

地址:Tour Framatome, F-92084 Paris La Défense, France

电话:+ 331 47 96 14 14

传真:+331 47 96 30 31

网址:www. framatome. com

FT:法美技术公司(法马通集团)

Framatome Technologies (Framatome Group):

地址:P. O. Box 10935,Lynchburg,VA 24506-0935,USA

电话:+1 804 832 2368

传真:+1 804 832 2621

网址:www. framatech. com

GA:美国通用原子公司

General Atomics

地址:P. O. Box 85608, San Diego CA 92186-5608, USA

电话:+1 858 455 3000

传真:+1 858 455 3621

网址:www. generalatomics. com

HCNSI (CSSIN):法国核安全与信息高等理事会

French Higher Council for Nuclear Safety and Information

地址:99 rue de Grenelle, F-75007 Paris, France

电话:+33(0)1 43 19 39 40

传真:33(0)1 43 19 23 32

IAEA:(联合国)国际原子能机构

International Atomic Energy Agency

地址：Wagramerstrafle 5，P. O. Box 100，A-1400 Wien，Austria

电话：＋43 126 000

传真：＋43 126 007

网址：www. iaea. org

ICRP：国际辐射防护委员会

International Commission on Radiological Protection

地址：S-171 16 Stockholm，Sweden

电话：＋46 8 729 7275

传真：＋46 8 729 7298

网址：www. icrp. org

IEA：国际能源机构(经济合作发展组织办事机构)

International Energy Agency (an agency of OECD)

地址：9，rue de la Fédération，F-75739 Paris Cedex 15，France

电话：＋33(0)1 40 57 65 54

传真：＋33(0)1 40 57 65 59

网址：www. iea. org

INF：国际核论坛

International Nuclear Forum

世界主要核学会的联合会(加拿大核协会、欧洲核学会、欧洲原子工业公会、日本原子能工业论坛、国际核工程、国际协会联合会等)

网址：www. climatechange. org

IPCC：国际气候变化小组委员会

International Panel on Climate Change

秘书处：转交世界气象组织

地址：7 bis Avenue de la Paix，C. P. 2300，CH-1211 Geneva 2，Switzerland

电话：+41 22 730 8208

传真：+41 22 730 8025

网址：www. ipcc. ch

ITU：跨国铀元件研究所

Institute for Trans-Uranium Elements

欧洲委员会科技分部联合研究中心

地址：Karlsruhe，Germany

电话：+49 7247 9510

网址：www. itumagill. fzk. de

JAIF：日本原子能工业论坛股份有限公司

Japan Atomic Industry Forum，Inc.

日本核工业政策协调组织

地址：1-13，1-Chome，Shimbashi，Minato-ku，Tokyo 105 8605，Japan

电话：+81 3 3508 2411

传真：+81 3 3508 2094

网址：www. jaif. or. jp

JNC：日本核燃料循环发展研究所

Japan Nuclear Fuel Cycle Development Institute

地址：4-49 Muramatsu，Tokaimura，Naka-gun，Ibaraki，

319-1184，Japan

电话：+81 29 282 1122

传真：+81 29 282 4974

网址：www.jnc.go.jp

LANL：美国洛斯阿拉莫斯国家实验室

Los Alamos National Laboratory

地址：P. O. Box 1663，Los Alamos NM 87545，USA

电话：+1 505 667 5061

网址：www.lanl.gov

LBL：美国劳伦斯伯克利实验室（加利福尼亚大学）

Lawrence Berkeley National Laboratory，University of California

地址：1 Cyclotron Road，Berkeley CA 94720，USA

电话：+1 510 486 5771

传真：+1 510 486 7000

网址：www.lbl.gov

LLNL：美国劳伦斯利弗莫尔国立实验室

Lawrence Livermore National Laboratory

地址：7000 East Avenue，Livermore CA 94550-9234 或 P. O. Box 808，Livermore CA 94551-0808

电话：+1 925 422 1100

传真：+1 925 422 1370

网址：www.llnl.gov

MELOX：混合氧化物燃料（MOX）元件制造商（Cogema 集团）

Fabricator of mixed oxide fuel elements (Cogema Group)

地址：B. P. 124，F-30203 Bagnols-sur-Ceze Cedex，France

电话：＋33(0)4 66 90 36 00

传真：＋33(0)4 66 90 36 73

MIT：美国麻省理工学院

Massachusetts Institute of Technology

地址：77 Massachusetts Avenue，Cambridge MA 02139，USA

—核科学实验室 Laboratory of Nuclear Science

电话：＋1 617 253 2395

传真：＋1 617 258 6923

网址：www. pierre. mit. edu

—核工程系 Nuclear Engineering Department

电话：＋1 617 253 8670

传真：＋1 617 258 7437

网址：www//mit. edu/ned

MMC：三菱核材料公司

Mitsubishi Materials Corporation

生产核燃料元件

地址：1-5-1 Ohtemachi，Chiyoda-ku，Tokyo 100，Japan

电话：＋81-3-5252-5206

传真：＋81-3-5252-5272

网址：www. mmc. co. jp

NREL:美国国立再生能源实验室

National Renewable Energy Laboratory

地址:1617 Cole Boulevard,Golden CO 80401-3393,USA

电话:+1 303 275 3000

网址:www. nrel. gov

NEA:欧洲核能机构

Nuclear Energy Agency

(经济合作与发展组织在核能成员国中开展合作的一个组织)

地址:12 Boulevard des lles,92130 Issy-les-Mou lineaux,France

电话:+33(0)1 45 24 82 00

传真:+33(0)1 45 24 11 10

网址:www. nea. fr

NEI:美国能源研究所

Nuclear Energy Institute

合并原美国能源意识理事会、核管理与资源委员会以及美国核能理事会后组成的一个联合组织

地址:1776 Eye Street N. W. , Suite 400, Washington DC 20006-3708, USA

电话:+1 202 739 8000

传真:+1 202 785 4019

网址:www. nei. org

NZAEAC:新西兰原子能促进理事会

New Zealand Atomic Energy Advocacy Council

主席:菲力普·罗斯, Chairman: Philip Ross

地址:31 Lowther Place, Taradale, Napier, New Zealand

电话:+64-6-8447600

网址:http://www.saveguard.co.nz/atomic/

NOAA:美国全国海洋和大气管理署

National Oceanic and Atmospheric Administration

(综合管理部门:技术管理部门及地址参见互联网)

地址:325 South Broadway, Boulder CO 80303, USA

网址:www.noaa.gov

NRC:美国核管理委员会

Nuclear Regulatory Commission

地址:11555 Rockville Pike, Rockville Md. 20852, USA

电话:+1 301 492 7000

传真:+1 301 504 16 72

网址:www.nrc.gov

NRC-CNRC: 加拿大核研究委员会

National Research Council of Canada

地址:Montreal Road, Ottawa, Ontario K1A 0R6, Canada

电话:+1 613 993 1208

网址:www.nrc.ca

NPI: 国际核电公司

Nuclear Power International

德-法核能联营公司(法马通和西门子)设计并建造 EPR 堆-欧洲压水堆,这是 21 世纪内一种安全并具有竞争性的反应堆。

地 址：6 Cours Michelet Cedex 52，F-92064 Paris La Défense，France
电话：+331 49 01 46 46
传真：+331 49 01 46 00
电子邮箱：npi. leverenz@mail. unet. fr

NUPEC：核动力工程公司
Nuclear Power Engineering Corporation
日本核能组织，从事核电站工程技术、试验、安全设计分析及退役业务
地址：Shuwa-kamiyacho Bldg 3-13，4-Chome Toranomon，Minato-ku，Tokyo 105，Japan
电话：+81 3 3435 7310
传真：+81 3 3435 7308

OECD：经济合作与发展组织
Organization for Economic Cooperation and Development[159]
工业化国家的一个组织
地址：Châteu de la Muette，2 rue André-Pascal，75775 Paris，Cedex 16，France
电话：+33(0)1 45 24 82 00
网址 www. oecd. org

---

[159] 经济合作与发展组织自创建以来发展了众多成员国：德国、澳大利亚、比利时、加拿大、丹麦、法国、英国、希腊、荷兰、冰岛、爱尔兰、意大利、卢森堡、挪威、葡萄牙、西班牙、瑞典、瑞士、土耳其和美国；随后陆续加入该组织的国家有：日本（1964)、芬兰（1969)、奥地利（1971)和新西兰（1973)。

ORNL:美国国立橡树岭实验室

Oak Ridge National Laboratory

地址:P. O. 2008, Oak Ridge TN 37831-6266, USA

电话:+1 865 574 4187

传真:+1 865 574 7879

网址:www. ornl. gov

PBMR (Pty) Ltd:组织研发球床模块反应堆的一个国际联合组织

Pebble Bed Modular Reactor(Pty) Ltd.

地址:3rd Floor, Lake Buena Vista Building, 1267 Gordon Hood Avenue, P. O. Box 9396, Centurion, Republic of South Africa

电话:+27 12 677 9400

传真:+27 12 677 9446

网址:www. pbmr. com

PPPL:美国普林斯顿等离子体物理研究室(普林斯顿大学)

Princeton Plasma Physics Laboratory(Princeton University)

地址:P. O. Box 451, Princeton NJ 08543, USA

电话:+1 609 243 2555

传真:+1 609 243 2749

网址:www. princeton. edu

SNL:美国圣地亚国立实验室

Sandia National Laboratories

研究核电发展管理局和核废物管理中心

地址:Albuquerque NM 87185-5800, USA

电话:+1 505 846 0881

网址:www. sandia. gov

SIEMENS AG-PGG:西门子 AG,电站联盟集团(KWU 电站联盟公司)

SIEMENS AG, Power Generation Group (KWU)

德国的能源和核能公司,从事核电站设计与建造业务,现已并入法马通公司。

地址:Energieerzeugung KWU, Freyeslebenstraβe 1, D-91058 Erlangen, Germany

电话:+49 9131 180(switchboard)

传真:+49 91 3118 3815

网址:www. Siemens. de/kwu

Texas A&M U:美国得克萨斯 A&M 大学核能工程系

Texas A&M University

Department of Nuclear Engineering

地址:129 Zachry Engineering Center, College Station TX 77843-3133, USA

电话:+1 979 845 4161

传真:+1 979 845 6443

网址:cedar. tamu. edu

UTA:美国得克萨斯-奥斯汀大学机械工程系,核能与辐射工程规划

University of Texas-Austin, Program in Nuclear

and Radiation Engineering, Department of Mechanical Engineering

（核工程教学实验室,设有核反应堆和研究设施）

地址:Austin TX 78712, USA

电话:+1 512 232 5371

传真:+1 512 471 4589

网址:www. utexas. edu. nuclear

UICL:奥地利铀情报中心有限公司

Uranium Information Centre Ltd.

地址:GPO Box 1649N, Melbourne 3001, Australia

电话:+61(0)3 9629 7744

传真:+61(0)3 9629 7207

网址:www. uic. com. au

URENCO:铀浓缩有限公司

Uranium Enrichment Company

提供气体离心分离工艺生产的金属铀以及稳定同位素富集度服务

地址:Marlow SL7 (Bucks), United Kingdom

网址:www. urenco. com

WANO:世界核电站营运者协会

World Association of Nuclear Operators

运营核电站的电力业主联合组织,目的是互相学习、共享核电生产经验。

地址:Kings Buildings, 16 Smith Square, London SW1P 3JG, UK

电话：+44 20 7828 2111

网址：www. wano. org

WNA：世界核联合会

The World Nuclear Association

提供核能公共情报信息

地址：12th Floor，Bowater House West，114 Knightsbridge，London SW1X 7LJ，United Kingdom

电话：+44 20 7225 0303

传真：44 20 7225 0308

网址：www. world-nuclear. org

WONUC：世界核能工作者协会

World Council of Nuclear Workers

地址：49 rue Lauriston，F-75116 Paris，France

传真：+33 1 53 70 01 08

网址：www. wonuc. org

WEC：西屋电气公司

Westinghouse Electric Company

提供商业核电工业产品及其服务(西屋现已成为英国核燃料有限公司的一家子公司。

地址：EnerGy Center Site，4350 Northern Pike，Monroeville，PA 15146-2886，USA

网址：www. westinghouse. com

UW-DMP：美国威斯康星大学-医学物理系

University of Wisconsin，Department of Medical Physics

地址:1300 University Avenue,Madison WI 53706-1532,USA

电话:+1 608 262 2170

传真:+1 608 262 2413

网址:www. medphysics. wisc. edu

参见更多信息,请点击连接下列网址:

www. world-nuclear. org

www. radwaste. org

www. cna. ca

www. me. utexas. edu/-nuclear/cool_links. htm

相关缩略语

AEC:(美国)原子能委员会,该委员会的职责已由能源部(DOE)所代替。

AEG:德国通用电气公司

AIL:年均吸入量限值。对每种放射性元素(碘-131,铯-137,等)都明确规定了公众可吸入的无危害风险最大限量值。

ANDRA:法国放射性废物管理局,负责法国境内固体放射性废物的管理与存放。

CDPAIR (SCPRI):电离辐射防护中心处,负责向法国卫生部报告辐射防护的组织机构,其职能是独立监测核电站周围环境中的放射性并向主管部门、新闻部门和公众通报(核电站内部的监测由法国电力公司、运行员在核安全主管部门的监控下完成)。

CEA:法国原子能委员会,促进核能用于工业、科技和国家防卫。

COGEMA:核材料总公司,法国的一家国有公司,从事铀矿开采、冶炼和乏燃料后处理。作为法国原子能委员会的一家下属公司,COGEMA 在瑟堡附近的海牙经营着数座铀矿和一家燃料后处理厂。

CRII RAD:放射性研究与独立情报委员会,创建于切尔诺贝利核事故之后,专事于放射性监测。该组织自称"公正"和"独立",然而却是强硬的反核组织。它的经济来源于监测规划、捐款及其试验室分析所得收入。他们报告的结果常常是一两个贝可[勒尔](很小的剂量单位)。

DNA:脱氧核糖核酸。DNA 是生命机体组织遗传信息的载体。

EDF:法国电力公司(法国国家公用电力公司),法国核电站业主和运营商。

EPR:欧洲压水反应堆,下一代压水堆型,是法美金属公司-德国合作研发的结果。

EURATOM:欧洲原子能联营,创建于1957年,致力于核电工业的创新和研究发展以及欧洲各国之间的核能合作。EURATOM也专事于电站核材料的验证检查。

EURODIF:欧洲浓缩铀气体扩散公司,为民用核工业提供核燃料。法国是主要业主,合作伙伴有西班牙、意大利和比利时。

FNR:快中子反应堆,之所以这样称呼是因其链式反应取决于快中子而不是常规压水堆采用的慢(热)中子。1千克天然铀在快中子反应堆所产生的能比常规压水堆高100倍,按照其装料的方式[160],作为增殖堆运行,它可以产生或消耗金属钚,将不可裂变的铀-238转化成可裂变的金属钚。美国在20世纪70年代后期废弃了快中子反应堆,而法国却研制出全尺寸1 300 MW超凤凰堆,这是一种安全、清洁的快中子钠冷却反应堆型。超凤凰堆的建造成本和运行成本与压水堆的相当,而且运行安全,证明了快中子堆商业化运行的可行性。尽管超凤凰堆运行很好,并且具有很多环保优势,但作为政治事务不可分割的一部分,还是在1997年法国反核绿党进入政府时仓促而无期限地被关闭,进入退役拆除。中国、日本、印度、俄罗斯正在建造或正在运行快中子堆,但这些快中子堆都比超凤凰堆小。快中子堆的其中一大优势是几乎可以装入任何类型设计的核燃料:铀-235或铀-238、钚、天然铀或钍。快中子堆甚至可以燃烧压水堆的长

[160] 其中存在着增加核武器扩散的风险,而且也有可能用这种堆型的反应堆煅烧常规燃烧金属铀机组所产生的或拆卸核武器所形成的部分金属钚。一些国家的主管部门提议使用快中子反应堆煅烧金属钚,这一提议引出了环境方面的一个辩论热点。

寿期裂变产物,因而有助于核废料的回收处理。

GT-MHR:燃气轮机-模块氦冷反应堆。新概念的高温反应堆(HTR),由通用原子公司(美国)、法马通公司(法国)、米纳通公司(俄罗斯)和富士电气公司(日本)联合研制,改进完善的设计、低成本生产、高效、安全、小型(200 MW 左右)核电机组,满足发展中国家未来能源的需求。

GW:千兆瓦,十亿瓦,百万千瓦。标准的商业压水堆或沸水堆功率单位。

HCNIS:(CSSIN)核安全与信息高等理事会,隶属于法国工业部,专事于核设施安全方面的各项事务管理,包括核设施设计、建造和运行;提供有关核电工业方面的信息。

HTR:高温反应堆。新一代高温(常规压水堆 350 ℃左右,这种堆型的温度大约 800 ℃ 左右)条件下运行的不同核反应堆。该型反应堆的效率更高,反应堆的建造方式可以保证不会发生较大的核事故或没有严重环境后果。在最坏情况条件下反应堆失控甚至也不会熔毁堆内的核燃料。参见球床模块反应堆(PBMR)和燃气轮机-模块氦冷反应堆(GT-MHR)。

IAEA:国际原子能机构。联合国大家庭中的一个独立机构,创建于 1957 年,基地设立在维也纳,是从事监督核不扩散条约检查制度的政府间组织,为成员国(核能国家)提供核安全方面的帮助,共享全世界范围支持和平利用核能的信息。

ICRP:国际辐射防护委员会。由众多研究电离辐射影响并提供有关辐射防护建议的著名科学家所组成。国际辐射防护委员会制定适用于公众和核能工作人员的最大可允许辐射剂量的标准。

IEP:内部应急方案,法国各核电站在事故情况下才能启用生效,明确规定了核电站内部所采取的各项应急措施。

INES:国际核事件等级标准范围。用于核事件(1～3 级)或核事故(4～7 级)分类的 7 级标准范围。

INSC (CISN):法国内政部核安全委员会。协调研制计划,防止财产和人员风险、污染,或核设施运行或停机所致的各类问题,以及天然或人工放射物质的储备、运输和应用。

IPSN:法国核防护和安全研究所,从事有关核防护和安全的研究和任务。

kWh:千瓦小时,能量的一个计量单位,即一只 100 瓦的灯泡 10 小时耗费的电能。

MAC (CMA):最大允许浓度(以 Bq/m^3 表示的大气中的放射性元素)。

MOX:铀-钚混合氧化物燃料,用二氧化铀和二氧化钚制造的燃料;在某些国家用作压水堆核电站的燃料,从而促使和平利用拆卸核武器所产生的军用级金属钚,以及各类压水堆所产生的非军用级金属钚。

MURI (CMIR):移动式辐射介入组织,向民事保护主管部门报告,其作用是在发生污染环境的核事故情况下介入事故调查处理,法国共有 23 个这样的移动式辐射介入组织。

MW:兆瓦(100 万瓦特)。一座标准的压水堆型核电机组生产大约 1 000 MW 的电能。

NEA:核能机构,为主要从事核能经济发展与合作组织成员国之间的合作提供方便。

NFSD (DSIN):法国核设施安全董事会

NPT:不扩散核武器条约,有超过 187 个国家签署了该项条约,其目的在于向同意不发展核武器并接受国际原子能机构监督检查其核电设施的国家转让民用核电专有技术提供方便。

OECD:经济发展与合作组织,创建于 1960 年,其成员国都是工业化国家。该组织的任务是促进经济繁荣,促使世界经济有效运行;激励其成员国向不发达国家提供帮助。

OPEC：石油输出国组织，在决定全世界极不稳定高度变化的石油价格中起着重要的作用。

ORSEC：法国核事故和应急事件处理方案

ORSEC-RAD：法国核事故和应急事件处理方案的附件，明确规定了辐射事故情况下的工作程序。

PBMR：球床模块反应堆，由南非根据德国和荷兰设计理念而研制出来的新型设计理念高温反应堆。改进完善的设计，低成本、高效安全、小型（100 MW）核电机组，满足南非和其他发展中国家未来的能源需求。

PWR：压水反应堆，由于其运行安全、费用合理和方便控制等优点，因而是全世界最广泛应用于发电的核反应堆型。

RBMK：大功率沸腾管式反应堆，这种堆型建在切尔诺贝利。燃料棒在石墨慢化剂栅格中竖直排列，采用水冷却，没有安全壳体结构。现在还有数座大功率沸腾管式反应堆仍在运行，应当尽快用新型现代设计的反应堆予以更换。

REM：人体辐射当量，电离辐射的一个测量单位。

RSE：辐射防护安全工程师，每台法国核电机组均配备有这样的工程师。该工程师的唯一职责就是监测安全和核查机组各项运行指标是否正常。在出现非正常工况情况下，他可以下达关闭反应堆并执行安全程序的指令。

SIP (PPI)：法国公共防护管理部门制定的特殊介入计划，根据每座核电站的具体需要而编制，明确核事故情况下应采取的具体措施，这样，在需要时便于组织应急支持，确保对公众实施安全保护。

Thorium：钍，地壳中最普通的放射性元素（储量比铀更丰富），视地域不同其储量会有所变化。例如，瓜拉帕瑞（巴西）的黑矿砂中就富含金属钍。钍核反应堆可以并已经建造，将来或许还会进一步重新进行研制。

TMI：三里岛，美国宾夕法尼亚州的核电站。1979年3月28日在这里发生了一次核事故。出乎意料的是，二回路供水关闭导致了一回路失水，形成反应堆堆芯过热并部分熔毁。在这次众所周知的严重核事故中，水泥安全壳结构并没有被破坏，无一人遇难或受伤，甚至遭受严重射线照射，对环境也没有造成重大影响后果。

TOKAMAK：托卡马克，一种研究受控热核聚变试验设备的俄文缩写；这种设备具有一个非常强大和独特形状的磁场：欧共体大型托卡马克装置(JET)设立在英国。

Uranium：铀，天然状态下的铀可以用于重水反应堆，如加拿大坎杜堆(CANDU)，但这种堆型设计存在各种缺陷[161]。

^{235}U：铀-235，轻水堆核电站的基本燃料。天然状态下的铀含99.3%的铀-238和0.7%的铀-235。在普通水堆的实际应用中，金属铀必须在一种专用设备中进行浓缩处理，使铀-235的富集度达到3%或4%。铀弹要求铀-235的富集度达到约80%。

^{238}U：铀同位素最广泛存在于大自然中：99.3%的天然铀。当铀-238受到中子轰击时，便产生出钚-239(也是一种可裂变的放射性元素)。

UF_6：六氟化铀，由一个铀原子和六个氟原子组成的分子。在一定程度的高温条件下，六氟化铀呈气态形式，这种形态下的铀通过气体扩散和离心分离工艺使铀-235富集浓缩。

UN：联合国

VVER：苏联设计的水-水动力压水堆：第一代VVER 230(现在还有10座在运行)没有设计外部安全壳结构。这些反应堆现在已经过时，应当予以更换。设计的中间过渡代VVER

---

161 由于不需要中止这些反应堆的运行就可以更换燃料元件，因此这些反应堆本身有助于核武器扩散。印度和巴基斯坦就应用坎杜堆(CANDU)为各自的原子武器制备金属钚。

213 (16 座在运行) 具有一定程度的安全性,但也缺少外部安全壳结构。VVER 1000(18 座在运行)是最新一代设计,与西方设计的压水堆型相似。

WANO：世界核电站营运者联合会。核电站运营业主的协会;其目标是共享核电专有技术,相互学习核电运营经验。

WHO：世界卫生组织——联合国大家庭中的一个专业化机构。

参考文献

Adamov E. O. , M. M. Seliverstov, V. A. Tishchenko, V. V. Uzhanova, V. S. Smirnov, I. Kh. Ganev, A. V. Lopatkin, S. V. Brunin, A. N. Karkhov, S. V. Evropin, G. E. Shatalov, V. E. Sytnikov, P. I. Dolgosheyev, V. B. Kozlov, V. P. Fotin, " White Book of Nuclear Power ", published by RDIPE, 1999.

Akimoto, Yumi, "Nuclear Power, Ensuring Not Only Safety but Also Peace of Mind", Plutonium No. 31, Autumn 2000.

Allardin, C. & al, "Physicians and nuclear risks", Medical University of Grenoble, 45pp, May 1988.

Angiboust, A. , "Irradiation of fruit and vegetables in the food-processing industry", P. H. M. - Revue Horticole, n° 270, pp16-18, October 1986.

Artus, Professor J. C. , "Chernobyl: the nuclear risk and health", URIS L. R.-Infos, pp12-13, May 1993.

— Rossi, M. & Robbe, Y. , "Energy & health", FNES & Euromedicine Medical Congress, 22 p, 10-14 November 1987.

— Granier, R. , Lallemand, J. , Riolfo, R. , Robbe, M. F. & Robbe, Y. , "Environment, energy, health", FNES, 28 pp, October 1993.

Association for the Geneva Appeal, "Yellow book on the plutonium society", de la Baconnière Publications, 1981.

Barnier, M. , "The development of eco-citizenship", La Jaune et la Rouge, p3, february 1994.

Birkhofer, A., "Design provisions for safety", International Conference on Nuclear Power Experience, Vienna, 13-17 September 1982.

Boulinier, "Fast neutron reactors", E. N. S. T. A. publications, 28 pp, 9 November 1984.

Bourdelle, J., "How to get rid of nuclear waste", Ecologia, n° 2, pp58-62, January-February 1993.

Bourdial, I., "Your food has been secretly irradiated", Reporterre, n°2, pp6-8, February 1989.

Bozonnet, J. J., "Food conservation by irradiation", Que Choisir, pp35-37, September 1988.

British Medical Association, "Report of the Board of Science and Education inquiry into the medical effects of nuclear war", London: British Medical Association, 1983.

British Medical Journal, "Doctors and the bomb", British Medical Journal, vol. 286, n°6368, p823, 1983.

Constanty, H., "Nuclear energy, the great confusion", Expansion, pp66-73, 4/17 feb. 1993.

Daniel, Y., "Nuclear: we are all in mortal danger", Le Rocher, 305 pp, 1987.

Dautrey, Robert, " What are the problems of nudlear waste disposal?" Communiqué of 20 June 1995.

De Choudens, H., "Introduction to radioprotection", Gedim—French Radioprotection Society, 1995.

De Pange, M. F., "Radon and cancer: an epidemiological study in several regions of France", Quotidien du Médecin, n° 5335, 24 January 1994.

Direction de I'Equipement, "Elements for security and radioprotection in 1300 MW nuclear power plants", E. D. F. , 125 p, October 1992.

Dubrana, Didier, " The Bulgarian Chernobyl " and " Nuclear enerGy and cancer: a disturbing inquiry ", Science & Vie,. n° 939, pp 86-94, December 1995.

Ducrocq, Albert, "Nuclear will become fashionable again in the 21st century", Revenu FranÇais, n°265, p76, November 1992.

Dunoyer de Segonzac, Alain, "Radioactive danger concerning sunken nuclear submarines", Sciences & Avenir, pp44-45, February 1993.

Durr, Michael, "The cycle of the nuclear fuel from the mine to the reprocessing plant", E. D. F. - Direction de I'Equipement, 18 p, October 1980.

E. D. F. , "Everything you always wanted to know about nuclear energy", 23 p, May 1992.

— "Radioactive waste", brochure, 4 p, 1992.

— "Chernobyl: the truth, the lies and the uncertain", Communication Division, 16 p, March 1992.

Ephimenco S. , "Tracking the European nuclear waste traffic", Liberation, 15 January 1988.

— "The promenade of radioactive waste with no visa", Libération, monday 11 January 1988.

Ertaud A. , " The Superphenix reactor of Creys-Malville", Dossiers Framatome n°3, October 1978.

Europe Today, "The radioactive "Camps of death" in Siberia", Europe Today, n°172, p 12, June 1993.

— "Warning about the nuclear international waste traffic", Europe Today, n°156, 15 February 1993.

— "A giant dome and robots for the decontamination of Chernobyl", Europe Today, n°172, p 12, June 1993.

— "Russia badly contaminated by radioactivity", Europe Today, n°156, 15 February 1993.

— "Some cities are more dangerous than Chernobyl", Europe Today, n°172, p 12, June 1993.

— "Scientists want more nuclear power plants", Europe Today, n°148, p 16, 14 December 1992.

Ferrarri A, R. Delayre, R. Guillet, J. C. Mougniot, "Utilization of plutonium", Salzbourg Conference (from the "Notes of the CEA" n°6), 5 p, 1977.

Fleutry L., "A technology for the future: the irradiation of mechanically separated and pre-processed meat", Filière Viande, n°93, pp117-119, October 1986.

Foos J., "Radioactivity - Volume 1: the atom and the atomic core", Formascience, Orsay, 1993.

— "Radioactivity - volume 2: nuclear disintegrations, interactions between atoms and radiations, applications of radioactivity", Formascience, Orsay, 1994.

Fralon J. A., "The nuclear site of Mol in Belgium put in accusation", Le Monde, 9 January 1988.

Frot J., "The Causes of the Chernobyl event", EFN / RGN, March 2001.

Gauvenet A., "Nuclear energy and the public: European movements; agitation and political considerations", Revue Générale Nucléaire, n°6, December 1977.

—"Responsibility of scientists and engineers in the modern world", Conference at the University of Fontenay, 29 January

1982.

Greenpeace, "Atomic Park", Greenpeace Magazine, n°4, Jan/Feb/March 1993.

Hall P., Boice J. D., Berg G. & al, "Risk of leukemia after exposition to iodine-131", Lancet, 340, 1-4, 1992.

Harrois-Monin F., "Leaks in the cap", Express, 24 December 1992.

Horeau L. M., "EDF discovers the nuclear risk", Canard Enchaîné, 14 February. 1990.

Hulot N., "Brigitte loves nuclear enerGy", VSD Nature, n°3, p7, July 1993.

IAEA, brochure "Spotlights on IAEA", Information Division of the IAEA, February 1993.

Kerber R., Till J. E., Simon S. L., Lyon J. L., Thomas D. C., Preston-Martin S., Rallison M. L., Lloyd R. D. & W. Stevens, "A cohort study of thyroid disease in relation to fall-out from nuclear weapons testing", JAMA, 270, pp2076-2082, 1993.

L'Impatient, "Irradiated food: we want to know", Impatient, n°154, pp14-15, September 1990.

Laizier J., "Ionization: a leap into no-where or a revolutionary technology for the future?", Agricultural and Food Industries, vol. 103, n°10, pp1005-1008, October 1986.

Lalonde Brice, "National Plan for the Environment", Special Supplement to Environnement-Actualité, n°122, September 1990.

Langley-Danysz P., "Food irradiation", La Recherche, vol. 16, n°165, pp556-566, April 1985.

Leclercq F., "Mysteries around a radioactive disposal site",

Express, 24 August 1990.

Le Concours Médical, "Behaviour in case of an irradiation accident", Concours Médical, supplement to n° 27,7 July 1993.

Le Fait du Mois, "Plutonium Destinations", Mois de I'Environnement, n°14, September 1977.

Levillain M. , "Ionizing treatment of foods - application to fruits - the case of strawberries and prunes", E. N. G. R. E. F. Paris, October 1986.

Leuba Peter, "Notions of nuclear physics", E. N. S. T. A. Publications, 285 p, 1977.

Loaharanu P. , "Practical utilization of food irradiation in developping countries", IAEA, 1994.

Medvedev Grigori, " The truth about Chernobyl ", Basic Books, Inc. , translated from the Russian by Evelyn Rossiter, preface by Andrei Sakharov, 274 p, 1991.

Moinet M. L. , "Irradiated foods: long-lasting freshness", Science & Vie, n°795, pp78-86, December 1983.

Ministry of Industry & Territorial Development, "Questions about nuclear energy", Cherche Midi, 175 p, April 1991.

Mortazavi, S. M. Javad, "High Background Radiation Areas of Ramsar in Iran", Biology Division, Kyoto University of Education, Japan, 2001.

Nassib Selim, "Five workers irradiated at La Hague", Liberation, 22 May 1986.

Observer, "About food irradiation", special issue Observer, n° 2, pp2-19, November 1991.

Poirier Jack, "Description and main characteristics of fast neutron reactors", E. N. S. T. A. Publications, 20 p, 1985.

Putin V., address made by President of the Russian Federation V. V. Putin at the UN Millenium Summit, Sept. 6, 2000.

Rachline Michel, "The nuclear saga", Albin Michel Communication, 80 p, 1991.

Ramonet M., Monfray P. & G. Lambert, "Additional greenhouse effects of methane and carbon dioxide", Laboratory of CNRS of Gif/Yvette, December 1990.

Report of Experts IAEA/FAO/WHO, "wholesomeness of irradiated foods", United Nations Organization for Food & Agriculture, Rome, 1977.

Revue Générale Nucléaire, "About these nuclear wastes", special issue of the R. G. N., February 1980.

Robbe Yves, "The pact between mankind and its planet", Euromedicine - University of Montpellier, SFEN/URIS-LR, a poem, 6 p, 7-11 November 1990.

— "Environment-energy-health", French Society of Nuclear Energy, a poem, 6 p, 7-11 November 1990.

Roquelle Sophie, "Rio, the lost illusions", Figaro Economics, 17 June 1993.

Rostagnat M., "What security for nuclear power plants in Eastern countries?", La Jaune & la Rouge, March 1994.

Schlumberger M., de Vathaire F., Challenton C. & C. Parmentier, "Carcinogenetic and genetic effects of radioiodine-131", La Lettre du Cancérologue, vol. 1, n°2, June 1992.

Schwartz L., "Fifteen possible Chernobyls in eastern countries", Sciences & Avenir, pp42-43, February 1993.

Strazzulla J., "Bad memories of plutonium", Figaro, 25 October 1990.

Syrota J, "The CIS, energy, and ready-made ideas", Le Monde, 28 March 1993.

Tazieff Haroun, "Will the planet stop turning? Real and imaginary pollution-an essay about dangers, some real and urgent, others fictitious, which threaten nature and the human species", Seghers Publications, 1989.

— "Press Club", radio interview on France Culture, 28 November 1989.

Tonnac, de Allan, "Nuclear energy, the facts, the stakes, and the arguments", Communication Division of Framatome, 1994.

Trédaniel J. & C. Guéniot, "Irradiating houses (radon)", JIM, n°302, 2 Feb. 94.

Tubiana M. et al., "Ionizing radiations", E. M. C. Intoxications & Diseases by Physical Agents, September 1985.

—"Radiobiology", Hermann Publications, 1986.

Wahlström Björn, "Radiation in everyday language", Medical Physics Publishinng, 1995.

Zebroski E. L., M. E. Maddox & P. E. Dietz, "Establishing priorities in control room design review", Nuclear Engineering International, pp30-34, July 1982.

作者简介

布鲁诺·康姆(Bruno Comby)1960年出生于法国,在非洲丛林、美国和加拿大落基山脉接近于大自然的环境中长大成人。他是一名久负盛名的巴黎生态技术学院20世纪80年代毕业生,拥有巴黎国立高级技术大学(École Nationale Supérieure de Techniques Avancées)核工程高级学位(硕士)。他把自己毕生的精力奉献给了预防医学、卫生和环保领域的科学研究与教学。

1988年以来,他与享有国际威望的一群物理学家和医学研究工作者共同合作,指导和促进健康生命研究计划的实施。

作为巴黎医学院的一名前任导师,本书作者在许多国家讲授过卫生健康与核能问题的课程。他不止一次地为许多环保学者、物理学家、科研工作者、大学生和商务人员做过这样的讲座。

布鲁诺·康姆是健康与幸福方面的世界知名作家,他撰写了10部这方面的著作(点击网址 http://www.comby.org)。他的著作已从法文翻译成英文、德文、意大利文、俄文、捷克文、罗马尼亚文、西班牙文和葡萄牙文。这些文本已编辑成文献和新闻节目被五大洲数千家文献出版社以及电视台和无线广播电台采用。

自1994年本书首次出版发行以后,他又在1996年创建了"核能环保学会"(EFN,法文:"Association des Ecologistes Pour le Nucléaire" - AEPN),并成为这个协会组织中的首要负责人。

1999年,核能环保学会的三位自愿者(包括作者本人)代表核能环保学会在向公众巡回展出本书时受到了几个反核组织成员的猛烈攻击。作者为撰写本书、敢于向公众介绍核能而遭受到了威胁、攻击和公开侮辱；而且核能环保学会的展位和布鲁诺·康姆研究所遭人推倒。作者为遭受到的破坏向攻击者提起诉讼，他在两年后的法庭上赢得了这场案件，他的反对者们因此也受到了严厉的谴责。请点击网站http://www.ecolo.org，详见“司法审判”栏目。

核能环保学会现已发展壮大，拥有5 000多名会员和支持者，在30多个国家中设有本地通讯员。

1999年6月，法国核能学会(SFEN)和法国原子工业公会(FAF)承认了布鲁诺·康姆所做出的贡献，就他为核能与环保所做的全部工作授予了他法国核能学会/法国原子工业公会年度奖。

致　谢

我在此向曾经为我们更美好世界的研究工作和本书撰写以及推广发行工作提供支持、帮助和给予鼓励的全体人员表示感谢。

我尤其要特别感谢：

— 詹姆斯·拉夫洛克教授，为了解我们的星球，自 20 世纪 60 年代以来一直在付出首创性的贡献，并且还非常诚恳地答应为本书作序；

— 贝罗尔、雪莉·鲁滨孙和朱迪思·莱文，为翻译本书付出了辛勤努力并为本书英文版的出版给予了帮助；还有卡米拉·克罗姆贝可，为第一版译文本提供了帮助；

— 约翰·R. 卡梅伦教授，为本书英文版提出特别建议；

— 亨利·乔尤克斯教授和雅克·富斯教授，为本书作序；

— 杰克斯·米兹拉希、琼-菲力普·布雷特和弗雷德里克·罗伊，为计算机编排系统提供建议和帮助；

— 安尼克·蔡恩、琼-菲力普·布雷特、贝诺瓦·凯拉德、休伯特·乔平、雅克，以及贾尼·福彻、琼-皮埃尔、劳伦特·梅辛杰、米歇尔·拉曼博士、赫费·罗伯特博士和克里斯汀·考瑟博士，审定本书初稿并提出许多有益的建议；

— 我的父母、兄弟和姐妹：安妮·玛丽、奥利弗、皮埃尔-弗朗西斯、安托万、克莱尔和海仑勒；

— 劳伦特·梅辛杰，多次在自己的宅邸内为我提供房间，使我能够远离电话和传真的干扰以及记者的调查采访，潜心打印本书初稿，同时为我提供了许多日常需求方面的帮助；

— TNR 出版社，为本书英文初版提供出版印刷；

— 布鲁诺·康姆研究所的全体成员，特别是研究所董事会的克里斯汀、克莱尔、贝诺瓦以及科技委员会的各位委员们；

— 琼·玛丽、琼·克劳德、亨利·雅克、阿兰、卢克、贝罗尔、德尔芬、阿默勒、克里斯汀和其他所有人员（请原谅没有在此一一列出）在创建核能环保学会工作和向公众普及核能知识方面提供了非常宝贵的帮助；

— 伊维斯·德·圣艾格尼斯，提供了友好支持；

— 实验室志趣相投的工作组；

— 核能环保学会的全体会员，特别要感谢皮埃尔-伊维斯·文森特、体伯特·乔平、米歇尔·诺拉兹以及世界各国本地通讯员。

在此，我对为本工作作出贡献的所有人员并以各种方式提供帮助的人员表示衷心感谢。

我真诚感谢您们的支持！

译后语

当译完布鲁诺·康姆的这本书后,一个完整的核能与环境和谐共处的概念在我们的面前明朗起来。的确应当感谢布鲁诺·康姆先生,他以丰富的知识和通俗易懂的语言,给我们上了一节生动的”核能知识与环境保护”课。

这本书的英文版是中国核学会刘长欣先生提供的。我们粗略地浏览了一下,觉得本书为中国广大读者普及核能知识很有帮助,于是我们与原子能出版社商量,决定将该书译成中文在中国国内出版。随后我们与原著作者也取得了联系,在征得他的同意后,出版社迅速购买了该书的中文版权。

本书中文译稿完成后,伍志明先生从专业的角度对全文的术语、名词进行了审校。本着中文译本尽可能忠实于原著而且通俗易懂的原则,在征求了出版社责编的初步意见后,我们对全文做了一次较大的修改,力求使文章更加通俗易懂,增加可读性。然而,译者水平有限,对科普作品的写作缺乏经验,译文恐难满足读者的要求,其中的缺点错误亦在所难免,译者除表示歉意外,肯请读者指出,以便今后更正。

中国政府对核能的发展和环境保护非常重视,认为核能在国家可持续发展中具有举足轻重的地位。国家环保总局原局长解振华先生在百忙中抽出时间为本书作序,表达了他对核电发展的关心和对环境保护的重视。他的权威性的论述使本书增色不少。

宜宾核燃料元件厂是我国压水堆燃料元件的生产基地,为我国核电的发展作出了突出的贡献。企业在引进国外先进技术的同时,在核安全文化方面也取得了长足的进步。畅欣厂长对本书的出版给予了大力的支持。他认为普及核能和核安全的教育是核工业人士应尽的社会责任和义务，核安全文化应当在更大的范围得到弘扬。

译者借此机会对解振华局长、中国核学会、原子能出版社和宜宾核燃料元件厂，对刘长欣先生、畅欣厂长表示衷心的感谢。对一切关心、帮助和支持这一工作的女士们、先生们和朋友们致以诚挚的谢意。

罗健康

2005 年 12 月